ヒトの脳にはクセがある

動物行動学的人間論

小林朋道

新潮選書

はじめに――死が怖くなくなる

ヒトは誰でも、長い人生の中で、苦しさや辛さに沈む場面に幾度も出合う。そして、その苦しみが途方もなく大きいときは、ただただその中でもがき耐え続け、少しゆとりがあるときは「生きるってどうしてこんなに大変なんだろう」と悲しさに責められながら自分の身を思う。

もう少しゆとりがあるときは、そう、ヒトによってさまざまだろうが、たとえば自分のどんな行いが、こんな結果を招いたのだろうかと、その原因を探し続ける。

さて、本書の大部分は、私が「もう少しゆとりがあるとき」より、さらにもう少しゆとりがあるが、けっして幸せな気分ではないときに書いたものである。

そんな状態のときの私の注意は、しばしヒトの脳の性質へと向けられる。苦しみも悲しみも、そしてさまざまな感情や心理を生み出す脳の性質へと向けられる。冷静に、けっこう冴えた頭で、脳の活動の意味を探し求めるのである。

推敲前の原稿を読んでくれたある知人は、「何だか、死ぬことが怖くなくなった」と感想を述べてくれた。そして、それを聞いた私は最初、意外に感じたが、少しして「あーっ、そうかもしれない」と妙に納得した気持ちになった。

私は本書を、ときに意識し、ときに無意識のうちに、「ヒトの脳は、進化の産物としての器官だ（器官にすぎない）」とか、「われわれが感じている〝自分〟は、われわれの身体のなかの遺伝子たち（ヒトの遺伝子は数万個と考えられている）によって設計・製造された遺伝子たちの乗り物だ（乗り物にすぎない）」といった、悪く言えば少し投げやりな、よく言えば肩肘張らない、限界も認めた、ヒトという存在を書いたのだろうと思う。

自分という存在をことさら意識し、自分の力で人生をつくり上げていこうと思うと、〝死〟は怖いことかもしれない。でも自分という存在が、実は「死にゆく個体から新生の個体へと、長い長い時間をかけて不滅の寄生虫のように移動し続けてきた遺伝子たちが一時的につくった乗り物だ」「自分は、その意識も含めて、生命の大きな流れのなかの一部に過ぎない」と思えば、死への怖さは減るのかもしれない。

そんなことを思って、「何だか、死ぬことが怖くなくなった」と言った知人の気持ちに納得したのだ。

本書は、そういった「〝死にゆく個体から新生の個体へと、不滅の寄生虫のように長い長い時間をかけて移動し続けてきた遺伝子たちが一時的につくった乗り物〟としてのヒト」や、「ヒトの本来の生息環境である狩猟採集生活へ適応した、その乗り物に特有な性質」を中心に据えて書いたものである。

あらためて言いたいのだけれど、感情や心理を生み出すヒトの脳は、狩猟採集生活という環境の下での生存・繁殖に合致した、かなり偏った性質（クセと言ってもいいだろう）をもつ器官だと思う。そしてその脳のクセは、脳以外の体のつくりや性質と同様に、現代を生きるわれわれでも変わることなく受け継がれている。

当然、そんな脳には情報処理の能力にクセとともに限界もあり、認知できないものは認知することはできず、理解することができないものは理解できないのだ。

そういった自分の姿を、少し他人事のように肩肘張らずに見つめてみるのもよいことではないだろうか。

本書はそんな性質（クセ）をもった本である。

ヒトの脳にはクセがある
——動物行動学的人間論

目次

ヒトの脳にはクセがある——動物行動学的人間論

1　なぜマンガは文字より分かりやすいのか？

最近、「マンガで分かる化学」とか「マンガ　人体と細胞」といった、学校で学習する内容を、マンガのなかに組み込んで解説する本が数多く出版されている。それらのなかでは、登場人物が喜怒哀楽を示しながら、互いに交流し合い、セリフとして〝内容〟に関した言葉を発している。

たとえば……、「小数は分数が、分数は小数が形をかえたもの……。0・142875……。そっ、そっか！　謎が解けたぞ!!」（『名探偵コナン推理ファイル　数と図形の謎』小学館学習まんがシリーズ）。また、あるときには、人間ではない生物や無生物が、人間の喜怒哀楽をもった、いわゆる擬人化されたものとして発言し振る舞っている。

たとえば……、「元素ホルミウムHo：67号室のホルミウム先生　強力レーザーで人助け」（『マンガで覚える元素周期』誠文堂新光社）。

そしてこれらの本は、うらやましいことに（！）概して売れ行きがよく、ベストセラーと称される本になる場合も少なくない。

ところで、「なぜマンガを取り入れた教科書的内容の本が人気になるのか」と聞かれたら、読者の皆さんはどう答えるだろうか。

当然のことながら、まずは次のような答えが返ってくるにちがいない。

「マンガは、文章よりずっと読みやすく面白い。マンガを読みながら教科書的内容が学べる本は、読者に魅力がある」

もちろんその答えに私も異議などない。確かにそのとおりだと思う。

私自身の体験からも、疲れて堅苦しい文章など読む気にならないときでも、マンガなら読んでみようかと思う気持ちになることはよくわかる。また、マンガのなかの登場人物がしゃべる内容やその行為は、苦労なく頭に入り記憶しやすいと感じることもある。

しかし、一歩踏み込んで、では「なぜマンガは、文章よりずっと読みやすく面白い（と脳が感じる）のか」と考えはじめると、答えは簡単ではなくなる。脳と同様に、外から入ってきた情報を把握・分析するコンピューターを考えると、理論的には、文章のほうが把握・分析しやすく、絵は不得意なコンピューターだってありうるからである。われわれの脳も、そういう造りになっていたって、理論的には、不思議はない。

われわれが日常的に当たり前だと思っていることも、その理由を踏み込んで分析すること（それは科学の重要な一面である）によって、新しい発見や理解の進展が生まれることは、これまでの歴史が示している。

本章では次のような問題について、人間の進化的適応という視点も織り込みながら、一歩踏み込んで考えてみたいと思う。

（1）なぜ人間の脳は、「文字だけの場合よりも、絵も入れられた場合のほうが、該当の内容を理解しやすいのか」。

（2）なぜ人間の脳は、「人間あるいは擬人化された生物や無生物が、その感情や心理を感じさせながら振る舞う姿があると、該当の内容を理解しやすいのか」。

読字障害はなぜ起きるのか

まずは（1）の問題からだ。

皆さんは、「読字障害（ディスレクシア）」をご存知だろうか。知的能力的には問題がなく、感覚や運動にも障害はないのに、読み書きのみに困難を示す症状である（音として入ってくる言語の聞き取りや発話にはまったく問題はない）。アメリカやイギリスでは10人に1人、日本では20

人に1人が読字障害の可能性があると言われている。映画俳優のトム・クルーズ氏や映画監督スティーブン・スピルバーグ氏は自身がディスレクシアであることを公表しているし、エジソンやレオナルド・ダ・ヴィンチ、アインシュタインなどもそうだったといわれている。

読字障害の人と、読字に問題がない人の場合で、言葉を聞いたときや、文字として見たときの脳の活動のしかたにどんな違いがあるかを調べた研究がある。それによると、読字に問題がない人では、物の形態を認知する大脳の「視覚野」と、音声の言語を認知するときに中心的に働く大脳の「ブローカー野」と、視覚や聴覚、体性感覚（身体で感じる感覚）といったさまざまな感覚が集まって情報処理される「39・40野」が働いていた。いっぽう、読字障害の人の場合、「39・40野」がほとんど働いていなかったのだ【図1】。

また、読字障害の人が共通して感じる感覚の一つとして、次のようなことが以前から知られていた。どんな言語が話されている地域で育ったか、あるいは、どんな育ち方をしたかにかかわらず、読字障害の人は「文字は言葉でなく、絵のようにしか見えない」。

このような知見も含め、さまざまな分野の研究成果を総合して、現在、読字障害の原因として、「進化的に適応した脳の性質」とむすびつけた、次のような仮説が有力である。

約20万年前に、進化的に誕生したわれわれホモサピエンスは、言語を一種の本能として使用する脳をもっていた。ところが、ホモサピエンスの歴史の9割以上を占める（つまり、ホモサピエ

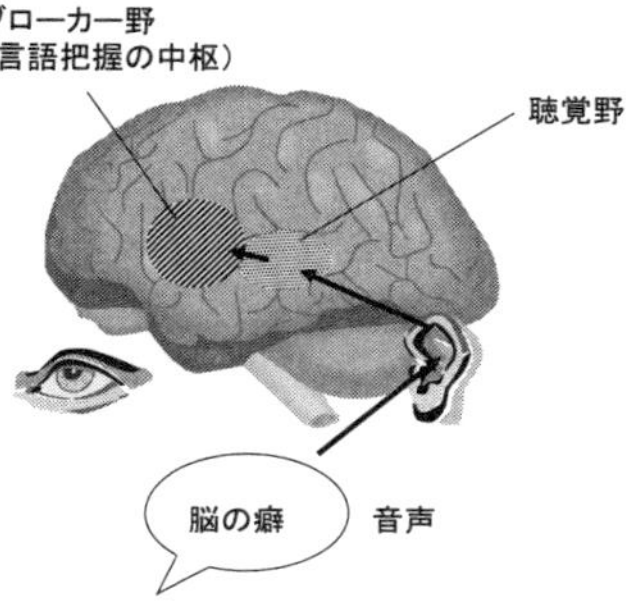

【図 1-a】　本来の言語（音声言語）の脳内での処理経路：音声→聴覚野→ブローカー野。

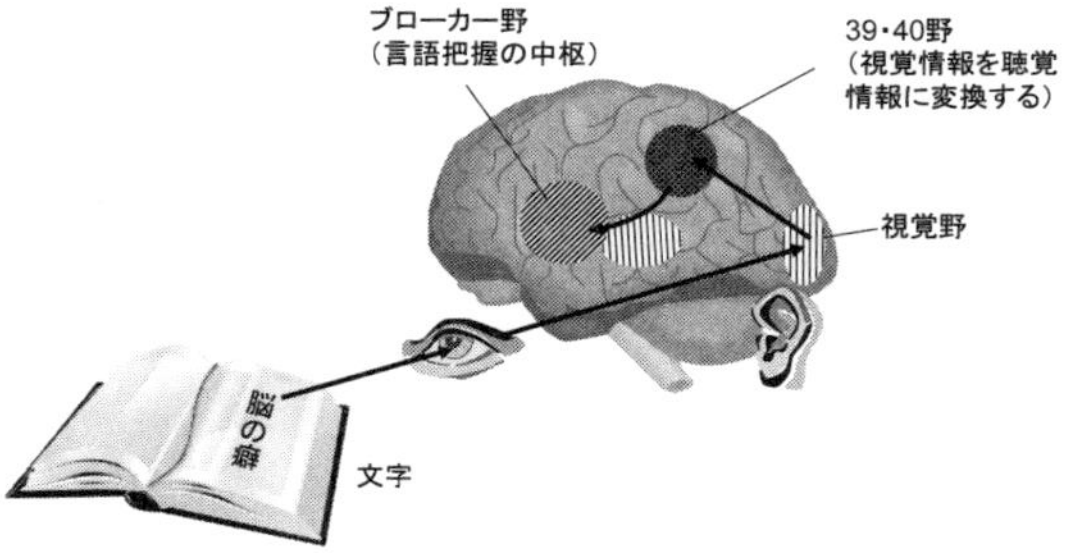

【図 1-b】　文字が言語として認識されるためには、文字と音声を結びつける訓練を繰り返して行い、39・40野において両者をむすびつける学習が成立しなければならない。

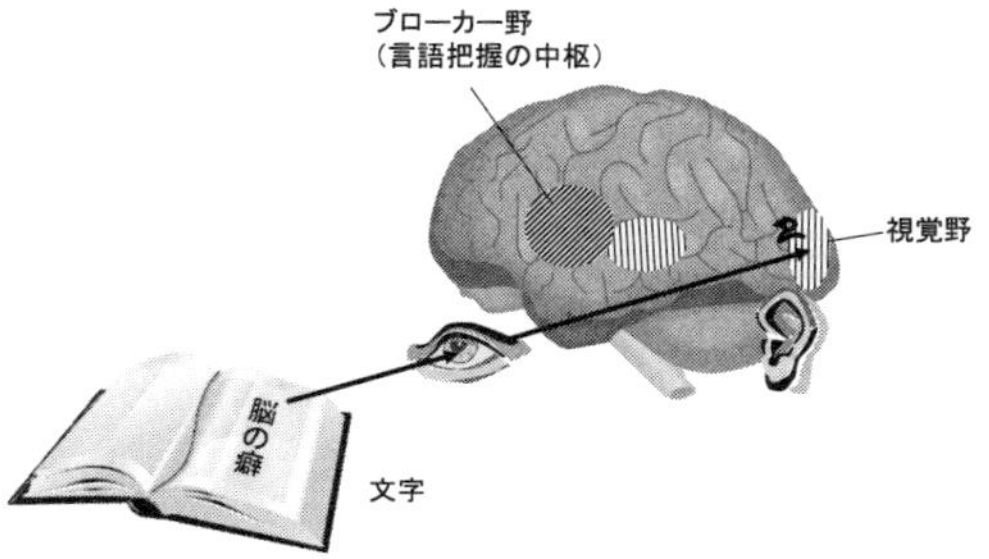

【図 1-c】　39・40野においてbのような学習が成立しにくい場合、読字障害の症状があらわれる。

ンスが適応した本来の）生活環境において、言語は音声によるものだけだった。そして、視覚的な「形」が意味をもつ抽象的な記号としての「文字」が現れたのは、せいぜい5000年くらい前にすぎなかった。したがって、脳が進化的適応の産物だとしたら、ブローカー野の神経回路は、当然、音声による言語を処理するような「音声専用仕様」になっていたわけだ。

もちろん、その回路の基本構造は、遺伝子の設計図に刻まれており、さまざまな試行錯誤の結果、わずか5000年ほど前に発明された（図形としての）文字を、直接、言語として取り込めるようなブローカー野の遺伝子は、少なくとも現在でも、まだ現れてはいない。

ではなぜ現在、多くの人間は、文字を言語として認識し使用できるのか？　それは本来、別な目的のために進化した「39・40野」を、「視覚野」と「ブローカー野」をむすびつける変換回路として借用することがなんとかうまくいったからである。

子どもが、教えられて、「39・40野」を変換回路として使う練習をすればするほど、「文字という視覚的感覚を、39・40野で音情報に変換し、ブローカー野に入力する」という脳内の作業がスムーズに行えるようになるのである。

しかし、「39・40野」の借用は人によって個人差があり、いくら訓練を重ねても、上達しない場合もある。それが読字障害の正体ではないか。

この仮説に従えば、たとえば次のような予測ができる。

読字障害ではない子どもでも、本能的に文字を直接、言語として取り込めるような脳内回路は存在しないのだから、「文字→音声」の変換回路としての「39・40野」を利用できるように、繰り返しの訓練が必要だろう。ちょうど、車の運転を学習するのと同じように。

で、実際はどうか？　そう、実際は、この予測によく合致しているのである。

子どもたちは、学校などで繰り返しの練習をさせられて、はじめて文字言語が操れるようになるのである。いっぽう、その練習の機会が充分になかった人は、文字は読めない。つまり、文字言語が理解できないのだ。音声言語も文字言語もあふれている世の中で、音声言語が操れない人はほとんどいないが、文字言語が操れない人はたくさんいるのはそのためである。

ちなみに、子どもが文字言語を覚えていく過程で見られる「鏡像文字」という現象も、上記の議論で合理的に説明できる。

「鏡像文字」というのは、文字を覚えつつある子どもが、たとえば「う」を「ɔ̀」のように、字を左右逆向きに書くことである。これは、その子どもが、言語としての文字を覚えはじめた段階では、まだ文字を「視覚野」中心に認知し、「絵」あるいは「物体」として認識していると考えればうまく説明できる。つまり、うもɔ̀も、「視覚野」本来の働きである、物体の理解という点からは同一なのである。物体の認知という点からは、そのほうが適応的なのである。

たとえば、物体は見る場所によって、同じものであっても左右が逆になる。その、左右が逆になったものを違うものと認知していたら、その人にとって、外界の認知はめちゃくちゃになるだろう。

アーミーナイフと脳の構造

さて、(1)の問題、「なぜ人間の脳は、〝絵〟があるほうが理解しやすいのか」。答えの感触はつかめていただけただろうか。

その答えをまとめると以下のようになる。

われわれの脳は、ホモサピエンスの本来の環境への適応として、絵や図を視覚的に認知する専門の回路を生得的に備えている。いくら、小さいころから何回も何回も練習して、「39・40野」の借用もうまくいって、文字を言語として認識する回路ができたとしても(その場合は、読字障害にはならない)、それはあくまで学習の結果、二次的に構築された回路である。

外界の事物・事象に関する、ある内容を理解するのに、専用の生得的な一次回路(視覚野)に直接訴えかける刺激(絵や図)を使うほうが、われわれにはより向いている、あるいは、より容易なのである。

では、次に、(2)の問題、「なぜ、人間あるいは擬人化された生物や無生物が、その感情や心

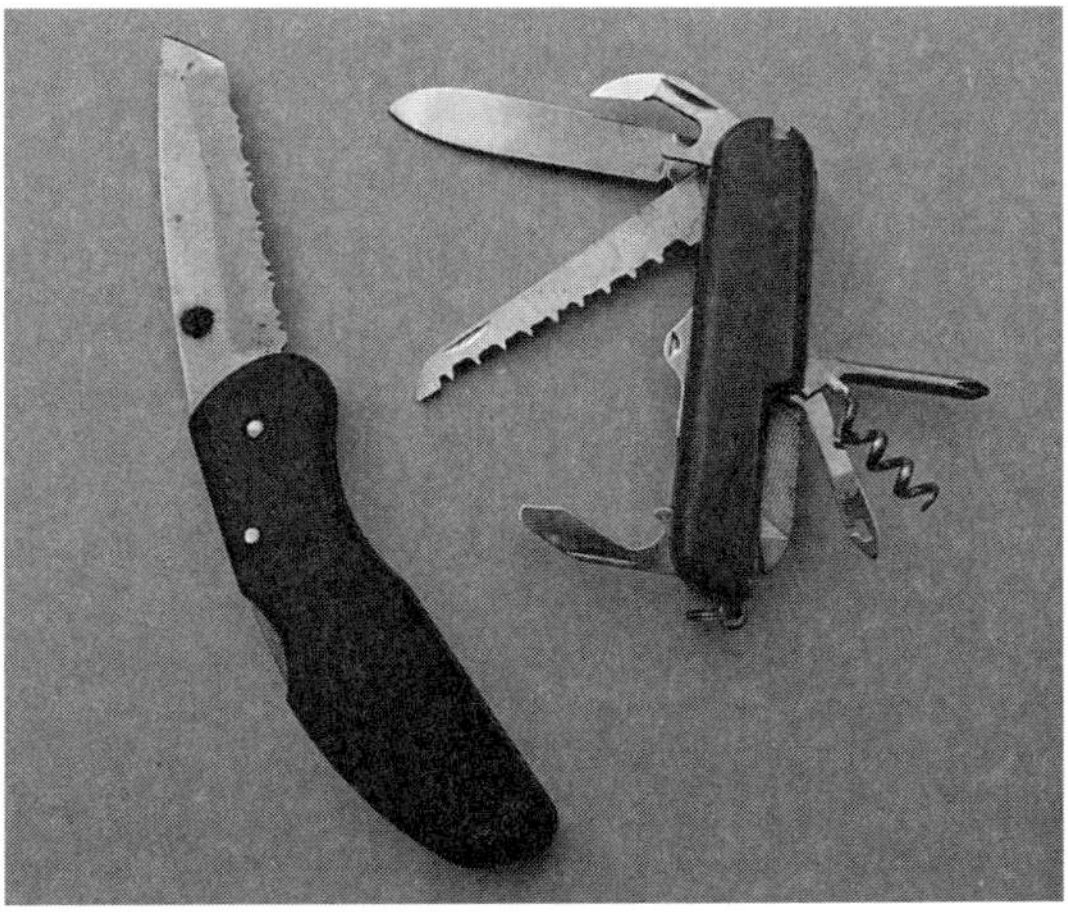

【図2】 右がアーミーナイフ。用途に合わせた刃がいくつも入っている。

理を感じさせながら振る舞う姿があると、理解しやすいのか」について考えてみたい。

まずは、最近の進化心理学や認知科学、脳科学などの分野の研究が総合されて描き出されている、われわれの脳の基本構造の一つについてお話ししたい。それは、一般に「脳のモジュール構造」と呼ばれており、その内容は以下のようなものである。

皆さんは、アーミーナイフというアウトドアで使うナイフをご存知だろうか【図2】。一つのナイフの中に、さまざまな形の刃がセットで納められている、あれである。それらは野外で紐を切ったり、木の枝を切ったり、瓶のコルク栓を引き抜いたりなど、異なった目的に対処できる刃である。いうなれば、課題に対応した専門家がチームをつくっているわけだ。

もし、一本の刃しかもたないナイフで異なった課題に対処しようとすると、なかなかやっかいで、熟練したとしても、アーミーナイフにはかなわない。

そして、そういった事情が、われわれの脳の構造でも起こっているらしいのだ。

人類を、「チンパンジーの祖先と袂を分かって、森林から草原に進出した、二足歩行の霊長類」と定義したとき、その人類が誕生したのは500万年ほど前。人類に属する一種であるホモサピエンス（幸か不幸か20種類以上出現した人類の中で現在生き残っているのは、われわれホモサピエンスだけだ）の誕生は、20万年ほど前だ。

そして、そのホモサピエンスの歴史の99％において、祖先たちは自然の中に居住地をつくり、150人程度、あるいはそれ以下のグループをつくって生きていたと考えられている。

祖先たちはその生活の中で、日々いろいろな種類の違う課題に直面していただろう。

たとえば、自分たちを襲う可能性がある捕食獣に警戒しながら獲物を追跡しなければならなかった。岩や土や材木などを利用して、物理的に安定のとれた丈夫な住居をつくらなければならなかった。さらに、グループの仲間と協力したり取引したりしてうまく付き合っていかなければならなかった、等々。それらの課題は性質はかなり異なり、相手が同種（人間）か物（岩とか土など）によって、適切な対処の仕方はまったく異なっているわけだ。

そんな環境の下で、進化的に生き残って広がっていったのは、「課題に対応した専門家がチームをつくった」ような脳をもった祖先人類であったろうと推察できる。つまり、1本の刃しかもたず、さまざまな課題に動き方などを変えて何とか対処していく「万能ナイフ」のような脳ではなく、さまざまな形の刃がセットで納められている「アーミーナイフ」のような脳のほうが、より適応的であっただろうと思われるのだ（後でも触れるが、この推察は、脳科学も含めた認知科学の研究でも支持されている）。

そして、アーミーナイフの一つ一つの刃をモジュール（機能単位）と呼び、脳は祖先人類が生活の中で出合った課題の種類に応じた専門のモジュールを備えている、というのが「脳のモジュール構造」である。

「脳のモジュール構造」を、ナイフよりもっと脳に似たものを例にして説明してみよう。

私はよく、コンピューターのソフトを例にして説明する。

コンピューターで、「文章を書いたり」「表計算をしたり」「公園の設計図を描いたり」といった異なった課題を行うとき、われわれは一つのソフト（プログラム）ですべての課題を行ったりはしない。パソコンのなかにインストールされている、「ワード」や「エクセル」「キャド」といった専用のソフトを、課題に応じて使い分ける。「脳のモジュール構造」というのは、このような、「課題に対応した専門家が集合した」ような構造という意味である。

さて、ではわれわれは、脳内にどんな種類の「専用ナイフ」、あるいは「専用ソフト」をもっているだろうか。

それは、われわれホモサピエンスが、進化的に誕生した生活環境を考えれば想像はつく。なぜなら、その環境で生きるうえで有利な「専用ナイフ」、あるいは「専用ソフト」が形成されたと考えられるからである。そして答えは、すでに述べた文章（p22の最終段落）の中にある。

つまり、ホモサピエンスは、少なくとも以下の主要な3つのモジュール群をもっていたと考えられている。

「対生物専用モジュール」（動物や植物の習性や生態を推察したり理解する働きをもつ）
「対物理専用モジュール」（物体の空間的配置、動き、変化を推察したり理解する働きをもつ）
「対人専用モジュール」（他人の表情や動作、言葉などから、その人の感情や心理を推察したり理解する働きをもつ）

ちなみに、診療上のさまざまな混乱を伴いながら「自閉症」と呼ばれてきた症状は、「脳のモジュール構造」を考えることによって、その原因の本質が見えてきた。自閉症の原因は、「他人の表情や動作、言葉などから、その人の感情や心理を推察したり理解する働きをもつ脳の領域

（対人専用モジュール）がうまく働いていないことである」との仮説が現在有力である。

自閉症ではあっても、「対物理専用モジュール」や「対生物専用モジュール」には問題はなく、むしろそれらが並外れて発達している場合もあるようだ。アスペルガー症候群などと呼ばれているケースも、その一例なのだろう。

文化のビッグバン

ところで、イギリスの考古学者スティーヴン・ミズン氏は、「脳のモジュール構造」をさらに一歩進めることによって、考古学のなかで、それまで充分な科学的説明ができなかった、ある現象の説明を試みた。

その現象というのは、「今から5万年くらい前から、ホモサピエンスが使用する狩猟採集用の道具や装飾品などに、それまでにはなかった、多様な特性が堰をきったように見られはじめる」というものである。この現象は、「文化のビッグバン」とも呼ばれ、狩猟採集の道具の場合であれば、獲物の種類に合わせて、その動物の習性や生態、体のつくりなどを考慮した工夫がなされたり、装飾品の場合であれば、人間と動物が融合したようなデザインが刻まれたりした。

そのような、「文化のビッグバン」が起こった理由として、ミズン氏は、「脳内のそれぞれのモジュールの間で、互いに情報の交換が活発に行われるようになったためではないか」という、認知流動説を発表したのである（実際、ホモサピエンスの化石から採取したＤＮＡを分析することにより、今から5万年ほど前に、脳の神経系の形成に関係すると思われる遺伝子に変異が起きた可能性を示唆する報告も出されている）。

認知流動説を、狩猟採集の道具を例にとって説明しよう。

「文化のビッグバン」以前のホモサピエンスの脳内では、狩猟採集の道具作成を担当する「対物理専用モジュール」は、他のモジュールとは独立して働いていた。そのため、道具は、左右対称性とか鋭さといった物理的要素が洗練されていた一方で、道具の形態は、多様性に乏しかった。ところが、「文化のビッグバン」のころ、「対物理専用モジュール」と「対生物専用モジュール」の間で情報の交換が起こりはじめると、対象とする動物の習性や生態、体のつくりに合わせた形態の道具、あるいは動物の骨や角からつくった道具がつくられるようになった。たとえば、長さや太さの異なる矢じり、骨や角からつくった、返しのついた銛や槍投げ器などである。

ミズン氏は、いわゆる、「擬人化」もそういった一連の認知流動の結果ではないかと考えた。つまり、「対生物専用モジュール」と「対人専用モジュール」との情報の交換の結果として、擬人化、つまり「人の感情、心理を野生生物の内部に想定して、それらの生物の行動を説明しようとする思考」が生まれたのではないか、というわけである。

ミズン氏の仮説は、これまで考えられてきたように、「擬人化が、幼児や未開の人々が行う幼稚な、あるいは素朴な思考である」という認識に修正を迫るものである。つまり氏の仮説は、「擬人化」は、人間の脳に本来的に備わっている思考特性であることを示唆している。そして、次のような事実は、実際に、その示唆がかなり真実に近いものであることを物語っている。

①動物行動学者の多くは、それぞれが対象にする動物を観察したり、その行動を解析したりする過程で（もちろん論文にはけっして書かないが）、その動物を目いっぱい擬人化し（どうしてもそうしてしまうのである）、行動の仕組みや、その適応的な理由に関する仮説を思い巡らす。

②私自身が行った調査は、「子どもも大人も、野生生物と触れ合った経験が多い人ほど、生物に対して擬人化思考を働かせる度合いが高い」ことを示している。

③現在、生活のなかに狩猟採集の営みを保持している自然民の人たちは、例外なく、動物の行動を予想するとき擬人化思考を行い、その予想の的中率は、欧米の一流の動物学者の予想に負けることはない。

対人専用モジュールの働き

さて、長らくお待たせしたが、「なぜ、人間あるいは擬人化された生物や無生物が、その感情や心理を感じさせながら振る舞う姿があると、〝教科書的内容〟や〝科学的内容〟を理解しやすいのか」についての答えに入りたい。

私の推察は以下のとおりである。

学校で学習する物理や化学の内容は、基本的には「対物理専用モジュール」の分担事項である。ただし、その内容は科学の発展に伴い、われわれホモサピエンスが本来もっているが自動的に働いて理解できるレベルを、質、量ともに大幅に超えてしまった。

ホモサピエンスの脳が適応した本来の生活環境では、力学の公式も、熱量保存の法則も、原子のイオン化傾向も必要なかったのである。われわれに備わっている「対物理専用モジュール」が、自発的に興味関心を示して注目し、理解しようとし、記憶しようとする内容は、狩猟採集生活のなかで、生存・繁殖につながるような内容——たとえば、岩や土や材木などを利用して物理的に安定のとれた丈夫な住居をつくるときに必要な「重力（重さ）」や「バランス」「耐久性」「燃えやすさ」といった、比較的単純な物理的特性だったのである。

だからこそ、われわれは現代の学校で学習する物理や化学の内容について、その理解や記憶を、脳の自発性に任せっきりにしておくわけにはいかないのである。先生から聞いて、読んで、自分で演習問題を解いて……そんな意識的な努力も動員して、やっとそれらの内容を理解できるのである（それがどれくらい成功するかは、個々人の脳の特性にもおおいに左右されるが）。

いっぽう、「対人専用モジュール」が担当する人間関係についての内容はどうだろうか。こちらのほうも確かに、われわれの古い祖先が生きていた時代に比べ、複雑になってはいるだろう。現代社会では、接する相手の数は増え、対処すべき対人的場面は、質・量ともに増えたことが想像できる。

しかし、その変化は、とても物理や化学の内容ほどではないだろう。狩猟採集・石器時代の人々も、基本的には、現代を生きるわれわれと同様な場面で喜怒哀楽を感じ、それが表情に表れ、相手はそれを読み取り対処する。好意をもつ相手には手を差し伸べようと思ったり、相手の行動のねらいが何なのかに思いをめぐらしたり、感情を抑えて自分に有利な立ち振る舞いをしようとしたり……。

むしろ多くの研究者が指摘しているように、物理・化学的な技術がそれほど発達しておらず、それゆえ他個体との心理的やり取りが、生き抜く上でより重要だった「祖先が生きていた時代」では、その読み取りや駆け引きが、現代よりも磨かれていた可能性もある。

つまり、「対人専用モジュール」が担当する人間関係については、古い祖先が生きていた時代に適応していた脳の状態で充分なのである。

そのような「対人専用モジュール」が、ミズン氏が指摘するように、本来「対物理専用モジュール」が処理する〝物理〟や〝化学〟の内容の理解に関与してくれたらどうだろうか。

物質間の相互作用の理解を、われわれが現代でも苦も無く駆使している、対人的な心理を想定して理解するやり方を借用して行えばどうだろうか。

「ホルミウム（Ho）は、67号室の住人で強力レーザーで人助けをすることが得意」「原子の一番外側に、一つだけ電子が欠けた首輪をもつ塩素（Cl）は、その欠けた電子を埋めたくて、電子が一個しかない首輪のナトリウム（Na）とひっつきたがる」といった説明。あるいは、それを見る（読む）人にとって、なじみのある人物が、顔の絵とともに「えーっ？　何でClはNaとひっつきたがるの？」と悩み、それを受けて、「それは、原子の一番外側に、一つだけ電子が欠けた首輪をもつ塩素（Cl）は、その欠けた電子を埋めたくて、電子が一個しかない首輪のナトリウム（Na）とひっつきたがるからだよ」と、これまた、脳が得意な人物の説明。それらを見る（読む）人は、自発的に活動したがっている「対人専用モジュール」が作動して、それらの物質の擬人的性格を、意欲をもって理解しようとするのではないだろうか。

最近私が読んだ『細野真宏の世界一わかりやすい投資講座』（細野真宏、文春新書）では、擬人化された熊が状況にぴったりの表情で、基礎的な、しかし本質的な質問をし、それに対して筆者が答える、という形式になっている。文章は、あくまでも、「どうして……なの」「それは……だからだよ」といった、われわれの脳内「対人専用モジュール」に、自然にフィットする会話型である。

もちろん、構成や説明の仕方が抜群にわかりやすくできていることが人気の第一の理由であろう。でも、物理や化学の内容に負けず劣らず、古い祖先が生きていた時代には存在しなかった複雑な仕組みである「投資」の内容の理解に、「対人専用モジュール」を利用している点も、わかりやすさの理由であると私は思うのである。

進化的適応の産物としての脳の特性を踏まえて、現代ならではの知見を理解する方法を研究する――それがEvolutionary Educational Psychology（進化教育学）なのである。私自身はそれを意識して授業などに用いているが、進化教育学は日本ではほとんど知られていない。以前私は、その内容の一部を『人間の自然認知特性とコモンズの悲劇――動物行動学から見た環境教育』（ふくろう出版、傍点著者）に書いた。近いうちに、もっと体系化させたものを書いてみたいと思っている。

2　ヒトはなぜ、時間の始まりと宇宙の果てをイメージできないのか？

かなり昔のことなので詳しいことは忘れてしまったが、生徒が尋ねて先生が答えるという形式の物理学関係の本を読んでいたら、「時間」についての次のようなやり取りがあった。

生徒が聞く。

「時間というのはいつからはじまったのですか？」

先生「ビッグバンの前は、物質も空間も時間もなかった。だから強いて言えば、時間はビッグバンからはじまったといってもいいかもしれない」

私はそれを読んで、素朴に思ったものだった。

だけど、仮に物質が何もなかったとしても時間は過ぎているんじゃないの？

空間は広さだから、何もなくても広さはあるんじゃないの？

おそらくそれは、たいていの人間が感じる疑問だろう。

いっぽう、アインシュタインは、リーマン幾何学を取り入れた一般相対性理論を展開し、宇宙は空間的に閉じており、「有限だけれど、中心もなければ果てもない」と説明した。宇宙空間は大きくゆがんでいるというのである。そして、この説明によって「宇宙はどんな形なのか、宇宙に果てはあるのか」についての一つの答えは得られたと考える研究者も多い。

しかしである。いずれにしろわれわれは「相対性理論が理解できない」という理由からではなく、空間的に閉じられた宇宙を、リアリティーをもって感じることはできない。それで、その向こうは？　と、ついつい考えてしまうのである。

時間については、時間の存在そのものに疑問が向けられている。アインシュタインが友人に宛てた手紙の中で、「過去、現在、未来という考え方は幻想にすぎない」と書いたのは有名な話である。

しかし、「時間（の流れ）が幻想だ」と言われても、われわれの脳はその説明にやはり抵抗するだろう。

動物行動学の視点からは、「空間や時間が、ホモサピエンスという動物種の脳によって生み出されている感覚にすぎない」ことは当然だと考えられる。それらの感覚は、ホモサピエンスが生存し繁殖する上で有利だったから生じた脳の働きにすぎない。

いっぽう、だからこそ、ホモサピエンスの生存・繁殖に有利にならないような空間や時間に関連する思考を、リアリティーをもって感じることはできないし、そもそも実体として存在しない空間や時間を科学的に解明することはできないのではないだろうか。そして私は、このような問題の中に、われわれホモサピエンスという動物の理解の深化に重要な要素が含まれていると思うのである。

ヒトは実在を認識できない

「時間のはじまり」や「宇宙のはしっこ」についてはひとまず横に置いて、「脳のクセ」ということについてお話ししたい。

「クセ」という表現は、私がこれまで書いてきた本や雑誌の中で何度か使ってきたものである。この言葉で表現したかったことは、おおよそ次のような内容である。

「ヒトの脳は（他の動物でもそうであるが）、外界から、光や空気の振動などの刺激を何でも取り込んで、それらを偏りなく客観的に解析するような情報処理器官ではなく、取り込む刺激の種類や解析の仕方について、かなり偏りをもった情報処理器官である」

その偏りをより直感的に一般の方に理解していただくためには、「クセ」という言葉が適しているのではと思ったのである。そして、ついでに本書の結論めいたことを申し上げておけば、「脳の情報処理の偏りは、ヒト、つまりホモサピエンスが、進化的に誕生した生活環境の中で、次の世代に自分の子どもを残しやすい（正確に言えば、各々の遺伝子が次の世代に自分のコピーを伝えやすい）ような偏りになっている」ということである。

物理学や哲学の分野でしばしば論じられてきた問題の中に、次のようなものがある。

「人間はさまざまな測定機器や、数式を含めた理論を作り上げ、生身では知覚できないような物質の構造や宇宙の歴史などについて理解を深めてきたが、結局のところ、実在（真の外界）に到達できるのか、実在を真に理解できるのか？」

動物行動学の視点から言えば、無理である。それは主に次のような理由からである。

確かに人間という動物は、他の動物とは比較にならないほど、事物・事象の因果関係について、それらを取り巻く広い範囲の要素を取り込み、階層性が高い因果関係を追究することができる動物である。だからこそ、他の惑星に行って戻ってくるような機械も作ることができた。ただし、それはあくまで人間の脳が知覚できる情報の範囲の中で達成できたことである。

たとえばオオカミは、彼らの脳が備えている能力を駆使して、先回りや挟み撃ち等の方法を生み出し、狩りの仕方を上達させていく（人間が、自分たちの脳の能力を駆使して機器類をより高度化するのと同じことである）。しかし、そこには限界がある。たとえば彼らの脳には、（狩りに）「道具を使う」という発想はけっして生まれない。それはオオカミが生きて子を残し、地球上で生存し続ける上で必要ないからだ。同様に、オオカミにとって外界に冥王星が存在することなど思いもよらない。その原因は、オオカミの脳の神経構造にある。そして、同じことは人間についても言えるのである。我々の脳に備わっている神経構造にはけっして思い描くことさえできない実在が数限りなく存在する、と考えることは極めて合理的なことである。

ちなみに、オオカミが認知する環境世界も、人間が認知する環境世界も、実在としての外界から乖離したものではない点は強調しておくべきだろう。動物行動学の祖とみなされるコンラート・ローレンツ氏が、「現代生物学の立場から見たカントのアプリオリ論」と題した論文の中で論じたように、地球上にある期間永らえた生物が認知する外界はすべて、実在の外界の一面を正しく反映し、写し取った認知世界である。そうでなければ（つまり、各種の動物たちが認識する世界が外界と全くずれているものだったとしたら）、オオカミもアマガエルも、実在の世界の中で代々、生き続けることはできなかったであろう。ただし、それぞれの動物種が生存する環境によって、写し取る部分や、写し取るやり方（どのような波長の光を使うのか、音を使うのか、ニオイを使うのか、そしてそれらを脳内でどのように処理するのか等）は異なっている。実在世界の反映の仕方が異なっているのである。

そして、ここで言う「種によって異なる写し取る部分や、写し取るやり方」が、人間も含めた、それぞれの種の脳のクセの一部と言ってもいいだろう。

狩猟採集に適応した脳

ちなみに、人間の脳のクセを考える上で重要な「ホモサピエンスが進化的に誕生した、いわば人間にとっての本来の生活環境」（自然環境と社会環境）について説明しておきたい。「ホモサピエンスが進化的に誕生した、いわば人間にとっての本来の生活環境」というのは、一言でいえば、現在のアフリカのサバンナ様の生息地の中での狩猟採集を中心とした生活環境である。「ホモサピエンスが進化的に誕生した本来の環境」の詳細については、現在もさまざまな議論がある。ただし、生活様式として、女性が居住地の周辺での植物の採集や幼児の世話を担い、男性が居住地から離れた土地での動物の狩猟を担うという分業が成立していた点については、基本的に異論はない。

こういった環境への脳の適応としてしばしば紹介されるのが、得意な課題に関する性差である。心理学におけるこれまでの実験から明らかになっている、女性が男性より得意な課題として、「図形や物の配置に関する認知や記憶」「言語の流暢さや単語の思い出し」「四則計算」「手先作業の速さや的確さ」「表情や心理の読み取り」などがあげられる。

一方、男性が女性より得意な課題として「長距離のルートの把握や検出」「物体の回転や移動などの空間的把握」「標的に物を当てる能力」などがあげられる。これらの認知能力の違いの説明は、他のどんな理論でも成功しないが、狩猟採集生活（における男女の分業）への適応と考えると容易に説明できる。

男性の脳には、獲物に武器を当てて仕留め、居住地から離れた場所から（仕留めた動物が腐らないうちに）最短距離で戻る能力が淘汰の末に発達した。女性には、居住地近くで位置が固定した植物を探し、子どもの世話をしながら触れあい、衣類などをつくるといった能力が淘汰の末に発達した。そう考えると、得意な課題に関する認知の性差は簡潔に説明できる。ちなみに、このような認知特性の性差は、男性ホルモンや女性ホルモンが、成長中の胎児の脳に作用した結果であることを支持する研究結果も発表されている。

これらの能力の差は、脳内の神経配線の違いを伴った、一種の脳のクセということができる。

私自身が行った実験でも、人間の脳の「狩猟採集生活へ適応した脳のクセ」を示す結果が幾つか得られている。以下のとおりである。
（1）まず、アフリカのアカ・ピグミー族の、狩りを含んだ日常生活の映像記録（8分間）を、小学生と大学生に、授業前に何の説明もなく見せる。そして授業後に、映像の中に入っていた

「植物からの紐の作り方」「身につけているもの」「狩りの仕方」「捕まえた動物の種類」など8項目について質問をして、選択肢から答えを選んでもらう。その結果、前者2つについては女性のほうが正解率が有意に高く、後者については男性のほうが正解率が有意に高かった。

（2）野外公園で遊ぶ親子の、遊びの内容を調べた結果、次のようなことが分かった。男の子は母親よりも父親と過ごすことが多く、その内容は、「走ったり」「目標を目指して投げたり蹴ったりする」ような要素を含む遊びに従事する割合が一番多い。一方、女の子は父親よりも母親と過ごすことが多く、男の子と母親の遊びに比べ、ベンチに座って話をしたり、花や実をとったり、一緒に何かを食べたりする時間が有意に長い。

（3）小学生に、自然体験学習の前に、アカネズミ、トカゲ、オオゴキブリなどの動物や、ペチュニア、マツバギク、ベゴニアなどの花をつける植物について、実際にそれらを見せながら、各々の生物に独特な習性の情報（巣のつくり方や生育する場所など）と、習性とは無関係な人工的な情報（それが置いてある場所や店で売られている値段など）を伝える。そして、自然体験学習が終わった後で、どのような情報をより多く憶えているかを記述や選択肢によって調べる。その結果、小学生は、それぞれの生物の習性に関する情報のほうをより多く憶えていることが分かった。

（3）の実験については、特に男女差は認められなかったが、狩猟採集生活を想定すると、女性も男性も（両者の脳とも）、動物・植物両方の習性により強い関心を示し、その情報を記憶しやすいほうが有利だと推察される。人間の脳がもつクセである可能性が高い。このクセは、北海道の旭山動物園が、動物たちの習性や生態をしっかり見せるというコンセプトで集客を回復していったといわれている話と無関係ではないと思われる。

リアリティーをもって想像できる範囲

さて、あらためて「人間はなぜ、〝時間のはじまり〟や〝宇宙のはしっこ〟をリアリティーをもって想像することができないのか」について考えてみよう。

結論から言えば、時間や空間という感覚は、人間という生物の適応戦略として脳に備わっているクセが生み出した感覚に過ぎないからである。もちろんそれは全くの架空の感覚ではない。外界に存在する何らかの特性（それを人間が完全にとらえることは永久にできない）の一面を反映した感覚である。

「ホモサピエンスが進化的に誕生した本来の環境」の日常生活の中で、数日前、数カ月前、自分がまだ子どもだった頃、といった感覚は、われわれの生存にとって重要な感覚であり、それをわれわれは「時間」という言葉で表現する。だから、そういった感覚をリアリティーをもって意識できるような脳の特性がわれわれには備わっているのである。

「空間」についても同じである。距離についてだけ考えても、手と手の間の距離、自分と相手（人間）との間の距離、狙った獲物と自分との距離、狩猟採集に出かけたときの居住地と今いる場所との距離といった空間の感覚は日常生活を生き延びる上で重要だったろう。だから、そういう「空間」感覚をリアリティーをもって意識できる特性が、われわれの脳には備わっているのである。

もちろん、このような時間感覚や空間感覚は、現代においてはさまざまな精密機器などの助けも借りて、規模が拡大している。しかし、数万年とか数万キロといったレベルになると、脳もリアリティーをもって想像することは難しい。ましてや「時間のはじまりはいつなのか」「宇宙はどこまで広がり、その端の向こうはどうなっているのか」といった内容をリアリティーをもって想像することはできない。脳は時間そのものの実態や、空間そのものの実体を知っているわけではないからである。あくまでも人間の生存・繁殖がうまくできるように設計された脳には、備わっていない性能だからである。

ちなみに脳の特性は、人間の当座の生存・繁殖がうまくいくようにつくられている（そういう脳をつくる遺伝子が世代を通じて広がっていく）という理由から、脳によって外界に起こる現象を突き詰めていくと、そこに超えることのできない認知の矛盾があることに直面する場合もしばしばある。たとえば、次のような場合である。

脳内には、石や棒などの物体の物理学的性質（「支えがなければ落下する」とか「動いていないものは何らかの作用がなければそのまま動かない」とか「急に消えてなくなることはない」等々）についての情報を生得的に内蔵していて、それを前提に、外界の物体の状態や動きをすばやく理解する神経回路が存在すると考えられている（このような回路は対物理専用モジュールと呼ばれ、その原型は、誕生して間もない乳児の脳にも存在することが実験的に示されている）。そして、そのような脳の回路が、脳自体の構造や活動を分析すると以下のような理解を生む。「脳の主体は神経細胞のネットワークであり、神経細胞内外での電荷を帯びた物質の動きが生み出す電気的信号の伝播の仕方が思考の内容を決める」

一方、脳内には、人間がそれぞれ自分の感情や意志をもっており、感情には「怒り」や「親愛」「喜び」等々があるという情報を生得的に内蔵していて、それを前提に、相手の行動や心理をすばやく理解する神経回路が存在すると考えられている（このような回路は対人専用モジュールと呼ばれ、その原型も、誕生して間もない乳児の脳にも存在することが実験的に示されている）。そして、そのような脳の回路が、脳自体の構造や活動を分析すると以下のような理解を生む。「脳は自発的に活動する存在であり、外界の物体や人間の状況を認識して自発的に思考する」。

さてそこで「人間に自由意志はあるのかないのか？」という議論が行われた場合、脳はどのような答えを出すだろうか。おそらく、前者の対物理専用モジュールは「人間には自由意志はない（ある時点での意志は、その直前の脳内神経系の電気的状況によって必然的に決まる）」という傾向の答えを出すだろう。後者の対人専用モジュールは、「人間には自由意志がある（外界からの情報を統合し自発的に思考や行動を決める）」といった傾向の答えを出すだろう。

脳のクセと科学との関係

科学の本質は、「事物・事象の観察や測定→仮説の設定→仮説の検証→仮説の修正」である。これを意識的に繰り返すことによって、事物・事象の間や内部の、より再現性の高い因果関係の仮説を新たに見出すことである。そのようにして生まれた仮説の評価では、再現性の向上のほかに、それまで理論的に（つまり、その時点で認められている因果関係の仮説だけをつなげて）説明できなかった現象が、それによって説明できるようになったかどうかが問われることになる。

いっぽう、応用科学では、科学が改良し続ける仮説を利用して、より複雑で細かく、規模が大きい測定や計算や記録を可能にする機器を作りだす。そして、その機器は科学の「事物・事象の観察や測定→仮説の設定→仮説の検証→仮説の修正」に使われ、仮説はさらに改良され続け、その仮説が応用科学に利用されて……という螺旋が高度を上げながら続いていく。

つまり、科学とは「より再現性の高い、そして、より多くの現象の原因を理論的に説明できる仮説に向けて、仮説を改良し続ける作業」と言ってもよいと思う。そしてその際、科学者が使える認知は、ホモサピエンスにもともと備わっている認知様式（つまり、クセのある脳の活動様式）だけなのだ。その様式は学習によって、ある限界の中で修飾されたり、複数の様式が組み合わされたりすることはあるが、質的に、もともと脳内に存在しない様式が生み出されることはない。

次の文章は、イギリスの物理学者ポール・デイヴィス氏が科学雑誌「ニュートン」（2013年10月号）のなかで、インタビューに答えて述べたものである。

……時間を、「すでに過ぎ去った過去」や、「この瞬間にはまだおこっていない未来」に、単純に切り分けることはできないということです。〈中略〉

もしかすると、時間と空間は、この世界の根源的な存在ではないのかもしれません。時間と空間は、より深いレベルの〝何らかのもの〟から出現してくるものなのかもしれません。

どうだろう。私には、この膨大な理論と計算にも支えられた発想が、すばらしく高度ではあるが、あくまでもホモサピエンスに備わっている認知様式だけを駆使した、どうしてもその認知の限界を破れない発想に思えるのだ。オオカミはやはり道具の使用を、あるいは銀河系の存在を認知してはいない、と思えるのだ。

同時に、「より深いレベルの〝何らかのもの〟」の性質の断片が、科学的に理解できたとして、その次は？　もちろんそこで「実体」の理解は完了しない。

科学にできることは、外界の事物・事象の断片に関する因果関係を、ヒトに可能な認知様式の範囲内で見出し、よりよい仮説に近づけていくことだけなのだ。真実そのものには永遠に到達することはできないのだ。

同じ記事の中で、ポール・デイヴィス氏は次のようにも述べている。

ですから、「時間は、ビッグバンとともにはじまった」という場合に、ビッグバン以前の何もない状態についてたずねるのは、「北極の北の土地」についてたずねるのと同じくらい意味のないことなのです。

意味のないこと。その感覚がまさに、「ヒトという動物に備わった認知系や情報処理系」の限界をこえることについて、「ヒトという動物に備わった認知系や情報処理系」が、うろたえながら生み出す〝感じ〟なのではないだろうか。

3　火に惹きつけられる人間の心

私は今でも、少しの物悲しさと懐かしさが混じった感情とともに、小学生のころのある事件を、ふと思い浮かべることがある。

事件にかかわる幾つかの場面が、あるものは鮮やかに、あるものはぼんやりと浮かんでくる……。

夏、兄や友だちといっしょに、村の真ん中を流れる川で泳いだ。川は10メートルくらい高いところを走る道路と小道でつながっていて、その小道を登りきった道路の横に、村で唯一の店があった。屋号は「みわや」といった。

その店の向かいに、私より2つ年上の男子のMくんが住む家があった。小さな平屋の家だった。Mくんは運動神経がずば抜けていて、その顔もかなりはっきり思い出すことができた。

そんな幾つかの場面が浮かび、それらの場面と交じり合って、Mくんと、あと2人、Uくんと

Sくんが、村の大人たちの前で、うなだれて涙を流している場面が浮かんだ。ただし、Mくんたちがうなだれて涙を流している場面は、私の想像がつくりだしたものだった。その想像が、何度も浮かび上がってくるうちに、もう実際に見た場面と区別できないくらいになっていた。

ある日の夜、電話で何かを聞いた（私の）父親が、あわただしく家を出ていった。

次の日、毎日揃って登校していた子どもたちの中に、Mくんたちの姿がなかった。そして、その登校の途中、Mくんたちが起こした事件について年長のリーダーたちが声を潜めるようにして話してくれた。

3人は夜、村の集会場で火遊びをしていたという。そしてその火が何かに燃え移り、集会場の中が燃えたのだ。火事である。詳しい状況はわからないが、大火には至らず、火は駆けつけた大人によって消されたという。その夜、3人は、村の代表のような大人たちから事情を聞かれ、きつく叱られたらしく、学校へは行きたくないと言っているのだという。そんな話だった。

最後に年長のリーダーの1人は言った。

「この話は中右手《なかうて》（村の名前）以外の人には絶対にしゃべってはいけない」

実際、私はそれから、その話を誰にもしゃべらなかった。子どもながらに、その年長者の言葉をとても重要な〝掟〟のように感じとったのかもしれない。

ヘビに反応する理由

さて、本章をこんな思い出話からはじめたのにはわけがある。他でもない。私は「火に魅了される人間の心」についてこれからお話ししたいと思っているのだ。そして、Mくんたちを火遊びに駆り立てた気持ちが、「火に魅了される人間の心」と深く関わっているのではないかと感じるのである。

私自身、子どものころから〝火〟には、特別な関心を抱いて接してきた。言いようのない親しみと怖さとが入り混じったような独特の気持ちである。だから、年長のリーダーたちからMくんたちの話を聞いたとき、集会場のなかで火遊びをしたMくんたちの気持ちがよく理解できた。また、それが火事という事件につながったことも、火の怖さをよくあらわしていて、Mくんたちの話は、私の心のなかに忘れ得ない出来事として、ずっと居座ってきたのだ。

ところで最近、人間も含めた霊長類の行動や心理について平易に書かれた科学書などで、「〇×に対してのみ強く反応する脳内回路」といった表現をよく目にする。たとえば、マカクザル(ニホンザルやタイワンザル、アカゲザル、カニクイザルなどを含む1つのグループ)の多くの種は、人間と同様に、ヘビやクモに対して特別に強い恐怖反応を示す(もちろん、例外の個体も多くいるが、種全体として見たときは、恐怖反応を示す個体のほうが絶対的に多い)。そして、マカクザルの脳の神経を電極で調べると、ヘビを見たときにだけ興奮する神経群や、クモを見たときにだけ興奮する神経群が存在する。このような状況をうけて、「ヘビに対してのみ強く反応する脳内回路」「クモに対してのみ強く反応する脳内回路」と言うのである。

人間の脳については、電極で直接的に神経を調べることはできない。しかし、ヘビに対する人間の認知や行動を調べたさまざまな実験は、人間も、「ヘビに対してのみ強く反応する脳内回路」をもつことを示唆している。たとえば次のような実験がある。

パソコンのディスプレイに、3×3の9つのマス目をつくり、どこか1つのマス目にヘビの写真、他の8つのマス目にはすべて花の写真、という画面を用意する(「花中ヘビ」画面と呼ぼう)【図3】。また、ヘビをカエルやケムシなどのヘビ以外の小動物に代えた「花中カエル」画面、「花中ケムシ」画面なども用意する。そして、これらの画面を順不同で、子ども(3歳~5歳)や大人に見せ、「花中ヘビ」画面のなかのヘビ、「花中カエル」画面のなかのカエル、「花中ケムシ」画面のなかのケムシを見つけ、そのマス目をできるだけ早く指で押さえてもらうように依頼する。そして、被験者が画面を見てから、目的の動物のマス目を押さえるまでの時間を測定するのである。

その結果わかったことは、子どもでも大人でも、ヘビの発見は、カエルやケムシなどの発見よ

【図3】 実験で使われた「花中ヘビ」画面。9枚の写真の中に1枚だけヘビの写真が入っている。

り明らかに早い、ということであった。この実験を行ったアメリカの心理学者V・ロブー氏は、得られた結果に関して次のように述べている。

「われわれホモサピエンスの歴史の9割以上を占める狩猟採集の生活のなかで、草や木々の間に潜むヘビを素早く見つけ出すことは、生存にとってとても重要なことであり、実験の結果は、ヘビを素早く見つけ出す特別な回路が脳内に存在することを示唆している」

人間が「それ専用の脳内回路」をもつことが示唆されている対象は、「ヘビ」以外にもたくさん知られている。たとえば、「顔」である。人間の脳内には、「目のような形のものが横に、比較的近寄って並んでいるもの（それは人間の顔の最も特徴的なパターンを示している）」に対して特に敏感に反応する神経回路が存在すると考えられている。さらに顔の表情についても、笑顔だけに反応する脳内神経回路、怒った顔だけに反応する脳内神経回路なども存在していることが示唆されている。

このような「ヘビ」や「人の顔」、そして「怒った顔」などに反応する専用の脳内回路の存在は、その回路の原図が遺伝子のなかに書き込まれているという意味で、いわゆる「本能」という言葉で表現してもよいのだろう。

また、このような専用の脳内回路が存在する対象は、ロブー氏が述べるように、「われわれホモサピエンスの歴史の9割以上を占める狩猟採集の生活のなかで、……生存にとってとても重要な」対象であったことが容易に想像できる。

たとえば、現在でもインドでは年間4万6000人の人がヘビによって命を落としているという。狩猟採集の時代においては、ヘビの危険は現在のインドよりずっと高かったに違いない。

また、1人では生きられない赤ん坊はもちろん、大人でも人間の顔を認知し、その表情の意味を識別することは、生きていくうえでとても重要であっただろう。

火に専用の神経回路

さて、「火」の話にもどろう。

最近、火が人類（ホモサピエンス、および、それに至る幾つかの祖先種）の進化に重要な役割を果たしてきたことを示唆する研究結果が相次いで報告されている。ハーバード大学の人類学者リチャード・ランガム氏は、人類学から栄養学までの幅広い分野の研究を総合して、『火の賜物ヒトは料理で進化した』（依田卓巳訳、ＮＴＴ出版）を著わした。そこで、氏は次のような仮説を提唱している。

霊長類のなかでも人類でとりわけ特徴的な〝大きな脳〟は、その活動にはもちろん、それを維持する（つまり脳細胞を、単に生かしておく）だけでも相当なエネルギーを必要とする。そして、そのエネルギーは、火によって、焼かれたり煮たりされ、消化されやすくなった肉などからしか得られない。つまり、火なしには、人類は、進化的に誕生しなかったし、生きながらえることもなかった。

また、イスラエル、ヘブライ大学の考古学者Ｎ・ゴレンインバル氏たちは、イスラエルのある遺跡で、ホモエレクトス（原人）が火を使っていたことを示す決定的な証拠を見つけ、その年代を79万年前と推定している。そのころのホモエレクトスは、火を自在にコントロールすることにより、食事、防衛、社会的なやり取りなどに利用していたと、ゴレンインバル氏たちは考えている。

もちろん、火は狩猟採集生活の時代から、人類にとってとても危険なものでもあったろう。おそらく、自然に発生した野火に囲まれて死ぬ場合もあったのではないだろうか。そういった火の怖さを認知していることは生存にとって大切なことだっただろうが、火の性質を把握して生活に利用することは、さらに大きな利益を人類にもたらした、ということなのだろう。

そこで私は思うのである。

それほど人類の生存にとって火が重要であったなら、「われわれホモサピエンスの脳内には、〝火〟に専用の神経回路が備わっているのではないか」と。そういう可能性を考えることはまったく合理的なことだと思うのである。

ところで、ヘビや顔といった専用の脳内神経回路をもつと推察される対象の特徴として、「それらは、いわゆる〝文化〟のなかで、さまざまな姿になって表現される」という現象が見られる。たとえば、アメリカの人類学者ドナルド・E・ブラウン氏は、『ヒューマン・ユニヴァーサルズ』（鈴木光太郎・中村潔訳、新曜社）のなかで、世界中のさまざまな文化についての報告を丹念に調べ、すべての文化に共通しているものを上げ、その理由を検討している。

氏によれば、ヘビは地球上の調査が行われているすべての民族において、神や悪魔の姿で、宗教や言い伝え、壁画、彫刻などの中に登場するという。もちろん、日本でも「ヤマタノオロチ伝説」から「神の使いとしての白蛇」まで、さまざまな形で文化を彩る。

「顔」もそうである。トーテムポールのような造形物から、Tシャツのデザインまで、顔は世界中の文化のなかに、さまざまな形で頻繁に登場する。ちなみに前述のブラウン氏は、顔の表情(少なくとも、はっきりとした喜怒哀楽の表情)は、異文化の人間であっても同じ特徴を示し、それを見たとき、その背後にある感情を正しく解釈すると総括している。

専用の脳内神経回路をもつ対象が「文化のなかで、さまざまな姿になって表現される」のは、脳がそれらに特別な関心を示すため、日常生活のなかで体験するさまざまな出来事とむすびつけられて、多様な融合体として表現されるからではないだろうか。

そして同様な特徴は、「火」にも見られる。

読者の皆さんもご存知のように、オリンピックの聖火から「プロメテウスの火」の伝説まで、現代でも古代でも先進国でも伝統的社会でも、火はあらゆる文化のなかに登場する。

このような事実も、われわれの脳内の「火に専用の神経回路」の存在を支持してはいないだろうか。そしてそれが、人間に、火に対する特別な関心を湧きたたせ、冒頭にお話ししたような出来事……Mくんたちを、火遊びに駆り立てたのではないだろうか。

そんなことを「いつか、しっかりとした論考としてまとめてみたい」と10年間以上も考えていたら、2012年、カリフォルニア大学LAの進化人類学者ダニエル・フェスラー氏たちが、幾つかの論文で、次のような仮説を発表した。

「火に関心を示し、火の扱い方を学ぼうとする心理は一種の本能である」

フェスラー氏たちは、火を日常的な道具のように使う多くの伝統的な社会を調べ、ほとんどの社会に、次のような共通した現象を見出したというのだ。

子どもたちは幼児のころから、火に強い関心を示し、（たいていは大人もいる場所で）大人たちが起こした火にかかわり、火を操ろうとする行動をとる。そして3歳くらいから、料理のようにして、火で土を焼いたり、火をあるものから別なものへ移したり、といった「火を操る遊び」をはじめるようになる。そして7歳くらいまでには、火を自由に操作できるようになり、それからは火を操る遊びをあまり行わなくなる。

フェスラー氏たちは、子どもの火を操る遊びの背景には、火に対する本能的な欲求が関係していると推察しており、そのいっぽうで現代社会の子どもたちは、その本来の欲求の発現が抑制されていると考えている。

欲求と抑制

現在アメリカでは、年間数百人の子どもが、火遊びで（それが火事になり）死亡しているという。そして、その多くは7歳より年長の子どもであり、10代後半の子どもも含まれている。フェスラー氏たちの推察は次のようなものである。

現代の多くの社会では、子どもたちが幼いころ、大人たちが起こした火で遊ぶ機会を奪われており、大人たちがいる場所で、火を操る学習をすることができない。そんな状態で「火を操る遊び」の衝動はそのまま残り、大人がいない場所で、自分たちで火を起こすことができるまでに成長してから、火を操る能力がないまま火遊びをしてしまう。それが火遊びが火事になり、子どもたちの命が失われる原因ではないか。

それはまさに、冒頭で述べた「Mくんたち（全員10歳は越えていた）が集会場で火遊びをして、火の扱い方が未熟であったために小火になった」、その事例をよく説明する推察である。幸いにして、Mくんたちは命を失うことはなかったが。

そして、フェスラー氏たちの推察は、（かれらは論文のなかで触れてはいないが）人間の脳内には火に関心を示し、火の扱い方を学ぼうとする「火に専用の神経回路」が存在する可能性も支持しているとも考えられる。

私は、かれらの仮説に深く共感したのである。

最後に、私が、わが子が幼いころ火遊びに関して、どのような体験をいっしょにしたかをお話しして、本章を終わりにしたい。

子どもが歩けるようになったころから、よくいっしょに庭で土遊びをしていた私は、わが子が3、4歳のころ、その遊び方を見ていて直感的に思ったのだ。子どもの成長に火は、とてもよい対象ではないか、と。

子どもは根っからの実験家である。土を手に取り、地面に落としながらその様子をじっと見ていたり、土を掘ってできた穴に水を流し込んでみたり……。

外界の対象について自分が働きかけ、その変化から対象の性質を理解する、そんな学習を夢中で繰り返す、あくなき探求者である。それは、自立に向かって成長する子どもに不可欠な性質であり、そんな行動を通して、自分の生存に重要な情報を脳内に充実させているのだろう。そんなことを実物を前にして、まざまざと感じていたのである。

そして、そんな外界の探求者の脳にとって、実に多様な姿を見せてくれる「火」は、よい栄養物ではないか、と思ったのである。

案の定、息子は「火遊び」におおいに関心をもった。私が庭に掘った窪みで、いっしょにゴミや木切れを燃やしたりした。息子は新聞紙をねじってつくった棒に火をつけて草を焼こうとしたり、オモチャの弓矢の先に火をつけて飛ばそうとしたりした。

今にして思えば、フェスラー氏たちが、伝統的な社会の子どもたちで見出したような「料理のような」遊びも盛んに行っていた。今でも忘れられない息子の遊びに、「ダンゴムシの小便煮（失礼！）」がある。近所の子どもといっしょに、息子たちの小便を入れた缶を火のうえに置き、沸騰させ、なんと、そのなかに庭で捕まえたダンゴムシをほうり込むのである。もちろんそのころには、火の扱いはかなりうまくなっていた。

ダンゴムシには本当に申し訳ないが、私は息子たちを制止はしなかった。この上なく楽しそうに、そして真剣に「ダンゴムシの小便煮」を実践している息子たちが得ているものの大きさが伝わってきたし、そして同時に、私自身がたどってきた道を思い出したからである。

そのころからであろうか。火に関心を示し、火の扱い方を学ぼうとする「火に専用の神経回路」と呼べるような脳内神経群が存在するのではないかと私が感じはじめたのは。

4　ヒトが他の動物と決定的にちがう点

「ヒトはなぜ、月に行けるロケットをつくることができるのか？　イヌやチンパンジーにはできないのに」と聞かれたら、読者の皆さんはどう答えるだろうか。

その分野の研究者ではない人は、漠然と次のように答えるかもしれない。

「ヒトは知能が高いからではないですか」

確かに、その答えを真っ向から否定する人は、その分野の研究者も含めて、だれもいないだろう。

話は少し変わるが、「人間と他の動物と何が違うか」という問題について、これまであまたの学者が論じてきた。

この問題を考えるとき、まず入り口として学者がしばしば持ち出してくる話題は、人間しか有さない能力である。「抽象的概念としてのシンボルを使うのは人間だけだ」とか、「文法構造をもつ言語を使うのは人間だけである」「自我意識をもつのは人間だけ」「大人になってからもよく遊ぶのは人間だけだ」「芸術をつくりだせるのは人間だけ」「宗教をもつのは人間だけだ」「他個体の内面＝心を読み取る能力が発達しているのは人間だけ」等々。そして、そうした人間の特有性を発展させて、人間という動物の本質を述べる場合もしばしば見られた。

たとえば、オランダの歴史家ヨハン・ホイジンガ氏は、「人間だけが大人になってからも遊ぶ」という面を重視し、「遊ぶことを続け、創造性を発展させ続けるのが人間である」と表現した。また最近は、「他個体の内面＝心を読み取る」という面を重視し、「他個体の心を読み取り共感し、高度な協力行動を示すのが人間だ」という表現の仕方も見られる。

さて私も本章で、人間にしかできない事柄を手がかりにして、人間という動物の本質を表現しようと思う。

私が選んだ「人間しかできない事柄」、あるいは「人間しか有さない能力」は、「月に行けるロケットをつくることができる」という事実である。この事実はとても素朴ではあるが、だれもが、他の動物と異なる人間の特性の現れとして認めるものではないだろうか。そして私は、その答えの中に〝人間の本質〟〝人間らしさの本質〟が色濃くあふれでているのではないかと思うのである。

ではははじめよう。まずは外堀から。

脳内では何が起こっているか

既に述べたが、近年の脳に関する科学が明らかにしてきた知見の1つは、次のような内容である。

人間の脳は、外界の事物・事象の種類（たとえば、人間同士の感情や心理を伴うやり取りとか、物理的な作用によって動いたり変化する物体の相互作用、等々）によって、それぞれを専門的に認知や分析する異なる担当領域をもっている。それらは、「対人専用モジュール」とか、「対物理専用モジュール」などと呼ばれ、各モジュールはある程度、他のモジュールの働きとは独立して働いている。

対物理専用モジュールを働かせながら、車を運転して前方の障害物を避けて進み、同時に対人専用モジュールを働かせながら、携帯電話で友だちと話して相手の悩みを聞き、どうしたらいいかアドバイスをしたりしている。そんなときわれわれの脳内では、2種類のモジュールが独立して、自分が担当する問題を「認知や分析」しているのである。

このようなモジュールは、「知能」と呼ばれることもあり、人によって、どんなモジュール（知能）が発達しているかは異なっている。他人の心理を読み取ることが得意で、対人的な対応に長けている人もいれば、機器の開発や扱いに長けている人もいる。対生物専用モジュールの存在も多くの研究者が認めており、そのモジュールが発達している人は、野生生物との付き合い方にしばしば優れた才能を発揮する。

ちなみに、このような脳の専用モジュール構造の有利性は、比喩的に万能ナイフとアーミーナイフを比べて説明されることがあることは既に述べた。外界の、種類の異なった課題に効率的に対処するためには、それぞれの種類の課題解決に特化した専門の情報処理系をもつほうが、一種類の情報処理系だけでなんとかかんとか対処するより有利だろう、というわけである。

さて、ここからは私の考察がかなり入り込むのであるが、私はこれらのさまざまなモジュールには、その働き方に1つの共通した様式が存在していると考えている。

その働き方とは、「それぞれのモジュールが対象にする事物・事象から発生する情報を、次のような共通したつながりでむすびつけ、1つの首尾一貫した世界を生み出す」という様式である。

① いつ、どこで、何が、どうなっている――「現在や過去の状況の把握」
② ～だから…になっている――「因果関係の把握」
③ もし～なら、…だろう――「仮定や未来の状況の把握」

事物・事象に関する、これら3つのつながりの把握（あくまで言葉で表現すれば、だが）が、相互に交じり合いながら、一つの首尾一貫した世界を生み出すのである。脳は、われわれが意識するかしないかとは無関係に、このような作業を行っているのである。

いま子どもが、リンゴが実っている木に向かって石を投げ、石が枝に当たって真っ赤に熟したリンゴが1つ落下したとしよう。

その事物・事象を見ていた人の脳内で、それぞれのモジュールは、たとえば次のような〝世界〟をつくるだろう。

〈対物理専用モジュール〉

いま、石がリンゴの枝に当たって枝を揺らし、その衝撃でリンゴの柄がちぎれて、リンゴがその重さで下へ落ちたのだろう。もし、石がリンゴに直接当たっていたら、石は硬いからリンゴはこなごなに割れて落下したかもしれない。

〈対人専用モジュール〉

リンゴの木に向かって石を投げた子どもは、何かをねらって投げて命中させたいという欲求を感じたのだろう。自分にもその気持ちはよくわかる。枝に当たってリンゴが落ちるのを見て満足しているだろう。もし石が当たっていなかったら、悔しいと感じてまた石を投げたかもしれない。

〈対生物専用モジュール〉

リンゴは熟していて枝から離れやすくなっていたのだろう。地面に落ちたリンゴは、ナメクジやダンゴムシなどの土壌動物に少しずつ食べられるだろうし、微生物によって腐敗していくだろう。この辺りに棲んでいるタヌキが見つけたら食べるかもしれない。そのタヌキが条件のいい場所で糞をしたら、そこからリンゴの種が芽を出し、成長するだろう。

こういった認識が脳内で同時に生み出され、その人物の次の思考や行動につながっていくのである。

さて、このようなヒトの脳内情報処理系と、ヒト以外の動物の脳内情報処理系の違いであるが、私は本質的な違いとして以下の2点をあげたい。

情報処理系の「種類」の違いと「階層の高さ」の違いである。

まず、「種類」の違いのほうからお話ししたい。先の章で簡単に述べた内容とも重なるが、少し詳しくお話しししたい。

「種類」の違いは、より正確には「情報処理系の〝前提的プログラム〟」の違いと言ったほうがよいだろう。

この〝前提的プログラム〟というのは、「生得的な性質をもち、それぞれの動物が生活する、それぞれの種に独自な生活環境に適応した、情報処理の原型的なプログラム」である。独自な生活環境というのは、たとえばビーバーであれば森の近くの河川を棲み家とし、一夫一妻とその子どもたちからなる家族で、動植物を餌にして生活する、といった内容である。

〝前提的プログラム〟はもちろん、生後の経験によって修飾され、発展していくものである。ただし大枠で、自分自身の修飾や発展や方向性を決める性質も内部に備えたプログラムだ。たとえば、ヒトの対生物専用モジュールに属する「ヘビ認知プログラム」を考えてみよう。

われわれホモサピエンスを生み出し育んできた本来の環境（現在のアフリカのサバンナのような、開けた草原と疎林と湖の中での狩猟採集生活）のなかで、毒ヘビをはじめとして、ヘビはとても危険な存在だったと推察されている。そういった環境への適応と考えられるが、ヒトはヘビに対して特に敏感に反応する脳内回路を備えていることを示す研究報告がたくさんある。ただし、その「ヘビ認知プログラム」は、生まれつき完全に出来上がっているわけではなく、生後の経験によって、より鋭敏に、より確実に働くように発達するらしいのだ。

直接ヘビを見ることはもちろん、ヘビの写真や絵、解説などに接するだけでも、そのプログラムは〝より鋭敏に、より確実に働くように発達する〟と考えられている（第3章参照）。それは、「ヘビ認知プログラム」自身に、ヘビに関する情報を積極的に吸収しようとする性質があり、その性質が、プログラム自身の発達を促すのであろう。おそらく、地域によってヘビの種類や習性は異なるため、それぞれの地域の状況を取り込んだ「ヘビ認知プログラム」を、各個人が発達させるほうが有利だったのではないかと考えられている。

いずれにしろ、「大枠で、自分自身の修飾や発展や方向性を決める性質ももったプログラム」なのである。

オオカミとカリブーとヒトのちがい

では、このような〝前提的プログラム〟に関して、ヒトの場合とヒト以外の動物の場合の、食物の獲得に関係したプログラムを比較してみよう。ちなみにヒト以外の動物としては、ここでは、私が好きなシンリンオオカミとその獲物であるカリブーを例にして話を進めたい。

シンリンオオカミは、森や平原で10頭程度の群れをつくり、昼も夜も狩りをする。比較的大型の動物を見つけ、追いかけ倒す。

それに適した前提的プログラムには、「獲物の状態（大きさ、走る速さ、疲れ具合、等々）を認知できる」プログラムが含まれていたほうがよいであろうし、「群れの他のオオカミの動作や行動から、そのオオカミが何をしようとしているのかを認知できる」プログラムも含まれていたほうがよいだろう。そして、実際シンリンオオカミの脳には、このようなプログラムは含まれているらしく、狩りでは群れが二手に分かれて挟み撃ちにしたり、獲物の進み方を予測して先回りをしたりすることが知られている。また、夜の狩りに適応して、仲間の音声やニオイを手がかりとして、獲物や仲間の状態が認知できるようなプログラムも備わっているだろう。

　これらの行動は遊びや実際の狩りの体験を通じて、より洗練されていくのであろうが、その元になる原型は生得的に備わっていると考えられる。無からは何も生まれることはない。また〝洗練〟（学習）が、どのような方向におこるのかについても、その方向性がプログラム内に備わっていなかったとしたら、まったく無秩序な（そしてシンリンオオカミの生存にとって全く不利な）学習が起こる可能性もありうる。

　たとえば、シンリンオオカミの幼獣は、遊びの中でシンリンオオカミの生活環境において有利な狩りのパターンを、自発的に発達させていく。それは、成獣のオオカミたちが発達させているものと基本的にはほぼ同じパターンである。

　いっぽう、カリブーの場合はどうだろうか。

　カリブーは、シンリンオオカミと同じく森や平原に生息し、成獣の雄以外は群れで生活する。しかしシンリンオオカミとは違い、餌は動くことのない植物である。だとしたら、群れの仲間同士で協力して餌を挟み撃ちにしたり、餌の進み方を予測して先回りをしたりすることに必要な認知のためのプログラムは、脳内には備わっていないと考えるほうが合理的だ。その代わり、食べられる植物の信号になる〝緑色〟に対する感受性や、植物がもつ栄養や毒性を認知するプログラムが必要だと考えられる。

実際、カリブーの視覚系は緑色に対しては敏感であり、食べられる植物を選別し、各々の植物によって食べる量も変えていることが知られている。

ヒトの場合、どうだろうか。

今でこそ、極地から赤道下の諸島にいたるまで、世界中のさまざまな環境でさまざまな生活を営んでいる人間であるが、その脳内の認知プログラムが適応したヒト本来の生活環境は、「現在のアフリカのサバンナのような、〝草原＋パッチ状の林と湖〟の下での部族単位の狩猟採集生活」である。

百数十人（あるいはそれ以下）の群れをつくり、女性は植物や小動物の採集、男性は居住地を離れての狩猟を行っていたと考えられている。ヒト（ホモサピエンス）の歴史の99％は、そのような生活だったのだ。もちろん、ときには男女が役割を交代する場合はあっただろうし、遺伝的には男性も女性も、息子や娘の両方を残す可能性があるのだから、男性も女性もある程度は、狩猟と採集の両方のスタイルに適応した脳を備えていただろう。

したがって、たとえば人間が食料を獲得するための狩猟採集の情報処理プログラムの種類として、以下のようなものが推察できる。

シンリンオオカミの場合のような、「動物の動きや習性を見抜き記憶する」ことを得意とするプログラムや、「仲間の動作や行動などから、相手の意図を推察する」ことを得意とするプログラム、そしてカリブーの場合のような、「植物の習性（生育する場所や食べられる組織、実る時期、等々）を見抜き記憶する」ことを得意とするプログラム。

そして実際、これまでの研究で人間（の脳）は、動物や植物の習性に特に強い興味を示す性質や、仲間の動作や行動などから相手の意図、心理を推察しようとする強い欲求をもつことが知られている。旭山動物園があれだけ人気になった理由（動物の習性、生態を見せることを目指したから）や、心理学という分野にたくさんの人が関心をもつ理由（人の心理が知りたいから）を考えれば、それも納得できる。

そのような前提的プログラムが、ヒトの食物獲得に有利であったことは明らかであり、それらがより効率的に働くために、対生物専用モジュール、対人専用モジュール、対物理専用モジュールといった、専門のモジュールを備えた脳ができていったのだろう（ちなみに、シンリンオオカミやカリブーが、専用モジュール構造を有しているかどうかはよくわかっていない。ただし、ヒトの専用モジュール構造ほどに発達した脳内構造を有していないことだけは確かだ）。

もちろん、シンリンオオカミの脳内プログラムとカリブーの脳内プログラムの合計が、ヒトの

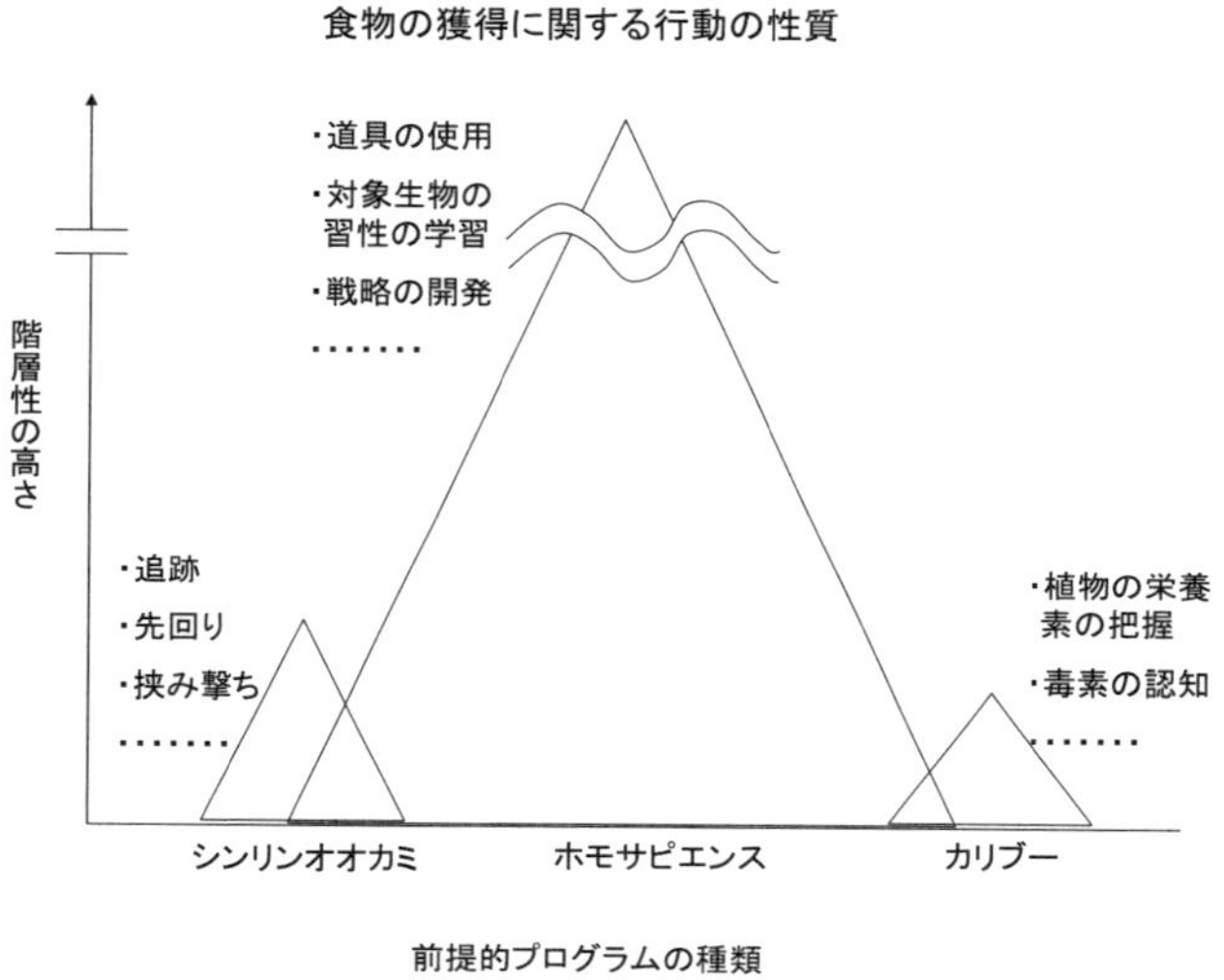

【図4】 ヒトとシンリンオオカミ、カリブーの脳内プログラムと階層性の違い。

脳内プログラムではない。シンリンオオカミとカリブーとヒトは、生活環境全体を比べれば、それぞれ大きく異なっている。当然、シンリンオオカミの脳内にしか存在しないプログラムやカリブーの脳内にしか存在しないプログラム、ヒトの脳内にしか存在しないプログラムも存在するだろう【図4】。

たとえば食物獲得に関連して、シンリンオオカミやカリブーの脳内には存在せず、ヒトの脳内にしか存在しないプログラムとして、狩猟採集のための道具（槍とか弓とか土掘器、等々）の作成・使用プログラムをあげることができる。「外界の物体に働きかけ、食物を獲得しやすくさせるものに変える」計画と実行を担当するプログラムである。

さて、このようなプログラムがシンリンオオカミやカリブーには存在せず、ヒトに存在する理由として、私はヒトに特有なある形質の存在の重要性を強調したい。その形質とは、「直立」である。

「直立」が可能にしてくれたことの1つは、前肢、つまり手の自由な使用である。手があってこそ、道具の作成・使用に特化したプログラムはその真価を発揮できるのである。手がないオオカミやシカでは、道具を作ったり使ったりすることに特化したプログラムは無駄飯食らいになってしまうだろう。

「直立」が可能にしてくれたことの2つ目は、「情報処理の器官である脳の容積の増大」である。脳が大きくて、特に（この後、お話しする）情報処理の高次化が可能にならなければ、道具の作成・使用プログラムは無用の長物になったのではないだろうか。そして、ヒトにおいて脳の拡大が可能になったのは、1つにはヒトが直立姿勢をとるようになったからではないかという説がある。

脳は体の先端にあり、四足姿勢の構造では、支えられる脳の重さにはおのずと限界が生じる。それに対して直立姿勢の構造の場合、脳の重さは鉛直下方にかかり、大きな重量の脳でも支えられるというわけだ。また、大きな脳が消費する多量のエネルギーを食物として取り入れることができなければ、その維持はできない。〝多量のエネルギーの取り入れ〟に関する最近の有力な仮説は、火による肉をはじめとした食物の調理が、それを可能にしたというものである。

いずれにしろ、「道具作成・使用プログラム」は、こういった複数の条件が揃ってこそ、はじめて（その維持コストを上回る利益を生み出す）有利なプログラムになりえるということである。

後で詳しく述べるが、対物理専用モジュールに属するこの「道具作成・使用プログラム」が、〝月に行けるロケット〟の作成・使用に大きな意味をもつことは明らかである。

階層の高さ

以上が、「ヒトの脳内情報処理系と、ヒト以外の動物の脳内情報処理系の違い」の1つ目である。繰り返すと、「情報処理の基盤となる前提的プログラムの種類が、それぞれの動物種の個別の生活環境に適応して進化している（だから、ヒトも含めた動物の種によって前提的プログラムの種類が異なっている）」ということである。

では次に、「ヒトの脳内情報処理系と、ヒト以外の動物の脳内情報処理系の違い」の2つ目である「階層の高さ」についてお話ししよう。この「階層の高さ」は特に重要である。

まずは、情報処理に関する「階層の高さ」の具体例を紹介しよう。

日本の心理学者、松沢哲郎氏が、著書『チンパンジー・マインド』（岩波書店）の中で、チンパンジーの道具使用における「階層性」について述べている。

アフリカでの野生チンパンジーの行動を調べた松沢氏は、次のような餌を得るための道具使用行動を、階層性の違い（0、1、2、3）によって分けている。

「シロアリをつまむ」——階層性0

「シロアリを棒で釣る」——階層性1

「ヤシの種を台石にのせてハンマーで叩く」——階層性2

「台石の下に別の台石をかませて、その上にヤシの種をのせてハンマーで叩く」——階層性3

つまり、階層性0では、対象（シロアリ）は、他の対象とは関係付けられていない。

階層性1では、シロアリと棒とを関係付けている。

階層性2では、台石とハンマーとを関係付け、その関係付けとヤシとを関係付けている。

階層性3では、台石と（別な）台石とを関係付け、その関係付けとハンマーとを関係付け、さらに、その関係付けとヤシとを関係付けている。

チンパンジーでは、子どもから成長するにつれて、餌を得るための道具使用行動の階層が、0→1→2と進み、〝賢い〟チンパンジーでは3に達するそうだが、野生状態ではそれ以上の階層をもつ道具使用の例は、まだ見つかっていない。実験室で環境を整えれば、3を越える階層に達するチンパンジーも出てくるかもしれない。ただし、いずれにせよ、これからお話しする、われわれホモサピエンスの驚くべき階層性まで達することはできないだろう。

松沢氏は、上記のような階層性による分類を、行動の樹状構造分析と述べているが、この分析法は、言語学者のノーム・チョムスキー氏が文章の構造を記述するために使っていた方法を行動に応用したものである。そして人間の言語では、この階層性が理論的にはいくらでも高くできる構造になっている。

たとえば、S1（主語）+V1（動詞）+O（目的語）で1つの文章ができると、今度はそれを「名詞節」として、Oの中に入れ込んで、S2+V2+(S1+V1+O)ができる。「私は、彼女のお父さんが、昨日、川で溺れていた子どもを助けたことを、母から聞いた」といった感じである。つまり、「彼女のお父さんが、昨日、川で溺れていた子どもを助けた」という文章を、名詞のように扱い、「私は●を聞いた」の●の部分へ入れ込んだのである。

このとき行われたことは、S1、V1、Oの間の関係付けを、S2、V2と関係付けることであり、階層性を1つあげたのである。

このような文章の拡張は、言語学では、「埋め込み」とか「再帰」と呼ばれ、階層性という言葉で表現すれば、「階層性の高次化」ということになる。そして、この情報処理法を繰り返せば、

S3+V3+〈S2+V2+(S1+V1+O)〉も、S4+V4+〔S3+V3+〈S2+V2+(S1+V1+O)〉〕も、それ以上の高次化も可能になる。

この「埋め込み」が、「ホモサピエンスの驚くべき階層性」を可能にし、同時にヒトという動物の本質の理解につながる、特記すべき情報処理の性質だと私は思っている。そしてヒトは、このような「埋め込み」と、本章の冒頭でも述べた①「現在や過去の状況の把握」(いつ、どこで、何が、どうなっている)、②「因果関係の把握」(〜だから…になっている)、③「仮定や未来の状況の把握」(もし〜なら、…だろう)、といった情報処理様式とを総合的に織り交ぜ、階層性を上げながら、言語のみならず、対物理専用モジュールなどでの認知世界を生み出すのである。

たとえば、次のような具合である(インターネット上のスペースシャトルに関する解説の文章から拝借した。http://ja.wikipedia.org/wiki/スペースシャトル)。

2つの装置をつなぎ合わせることにより、点火指令は軌道船のGPCを経由して、3番エンジン、2番エンジン、1番エンジンの順に120ミリ秒の間隔を置いて送られる。またGPCはSSMEの推力を90%にまで到達させると同時に、ノズルの向きを所定の位置に固定する。エンジンへの点火が起こると、騒音抑制装置の水が蒸発して大量の水蒸気となり、南側に向かって噴出される。3基のSSMEの推力はそれから3秒以内に100%に達しなければならず、もしそれが実現しなかった場合はGPCがエンジンを緊急停止させるだろう。逆に正常に推力が発生されていることが確認されれば、SRBを発射台に固定している8本の爆発ボルトが吹き飛ばされ、SRBに点火されることになるだろう。

調べないと意味がわからない用語がたくさん出てくるが、つまりは次のようなことが起こっているのである。

ある機能を目指して、複数の部品を関係付けて1つのパーツにし、それを同様にして関係付けてまとめた他のパーツと関係付けて上位の部品をつくり、さらにそれらの部品をパーツにしたもう1つ上位の部品をつくり……その繰り返しで、最終的に階層性のとても高い高度な機能を備えたスペースシャトルをつくり上げているのだ。

ちなみに、〝関係付け〟においては、主に対物理専用モジュールを舞台にして、①「現在や過去の状況の把握」（いつ、どこで、何が、どうなっている）、②「因果関係の把握」（～だから…になっている）、③「仮定や未来の状況の把握」（もし～なら、…だろう）という3種類の情報処理が交じり合って働いていることも付け加えておかなければならない。

たとえば、「GPCはSSMEの推力を90％にまで到達させると同時に、ノズルの向きを所定の位置に固定する。エンジンへの点火が起こると、騒音抑制装置の水が蒸発して大量の水蒸気となり、南側に向かって噴出される」という記述の中には、①「現在や過去の状況の把握」（いつ、どこで、何が、どうなっている）と②「因果関係の把握」（〜だから…になっている）の情報処理が見て取れる。

「もしそれが実現しなかった場合はＧＰＣがエンジンを緊急停止させるだろう。逆に正常に推力が発生されていることが確認されれば、ＳＲＢを発射台に固定している８本の爆発ボルトが吹き飛ばされ、ＳＲＢに点火されることになるだろう」という記述の中には、①「現在や過去の状況の把握」や②「因果関係の把握」に加え、③「仮定や未来の状況の把握」（もし〜なら、…だろう）の情報処理が見て取れる。

さて、以上述べたような「ヒトに特有の前提的プログラムの存在」と「ヒトの情報処理における階層性の高さ」が、月へ行けるロケットを生み出すことができる、本質的な認知特性だと私は主張してきた。

読者の方はどう思われただろうか。

最後に、おそらく世界で最も有名な鳥（種としてではなく、個体として）と思われるヨウム（オウムの一種）のアレックスをめぐる話を紹介して本章を終わりたい。本章の内容の本質的な部分をよく表している出来事だからである。

ヨウムの謝罪

心理学者I・M・ペパーバーグ氏は、アレックスを対象にして、言葉を教えてヨウムの認知活動を調べようとした。アレックスが死んでから少しして出版された、ペパーバーグ著『アレックスと私』（佐柳信男訳、幻冬舎）という本のなかに次のようなエピソードが記されている。

そのころ、ペパーバーグ氏は、アレックスに言葉を覚えさせる訓練をしていた。同僚とランチに出かけ研究室に帰ってみると、全部の書類の端がひどくかじられていた。アレックスがかじったのだ。

もう修復することはできず、あと数時間以内にタイプし直し、必要な部数をコピーして郵送しなければならなかった。

ペパーバーグ氏はアレックスに向かって、「アレックス、なんでこんなことをしたの」と怒鳴った。するとアレックスは、しばらく前に似たような状況で学んだことを活用した。

少しすくんだ姿勢になって、ペパーバーグ氏を見つめると「アイム・ソーリー……アイム・ソーリー」と言ったのだ。

その後も、アレックスは「アイム・ソーリー」を時々使った。たとえば次のようなときだ。

アレックスは気分がのっているときは、訓練もテストもすばらしい成果をだしたのだが、そうでないときはどうしようもなかった。訓練やテストをしたくないときは、実験者を無視したり、羽づくろいを続けたり、鳥かごに戻ろうとした。

その日もアレックスはテストに激しく抵抗し、質問に一切応じようとしなかった。そんなアレックスに、ペパーバーグ氏もだんだんとイライラするようになり、テストの途中で席を立ち、部屋を出ていこうとした。すると、ドアから出かかった瞬間に、アレックスが後ろで「アイム・ソーリー」と言ったのだ。

この出来事について、私は次のように考える。

ヨウムも人間も、他個体を1人（1羽）ずつ個体識別したうえで集団をつくり、互いに密なコミュニケーションをとりながら生きている動物だ。

そういった集団の中で、自分の存在・繁殖が有利になるためには、「自分の行為が原因で、（自分に対して大きな影響力をもつ）相手が自分に敵対的になってしまったとき、相手に宥和的《ゆうわてき》な信号を送る」ことが重要だと思われる。つまり人間とヨウムの脳は、いずれも「自分の行為が原因で、相手が自分に敵対的になってしまった」という状況を把握し、宥和的な信号を発する性質を備えているのではないかと推察されるのだ。互いによく似た前提的プログラムを持っているのである。

さて、ここで問題は「自分の行為が原因で、相手が自分に敵対的になってしまった」という状況の把握だ。

ここに人間とヨウムで、知能の階層性の大きな違いが出てくるのだと思うのである。「自分の行為が原因で、相手が自分に敵対的になってしまった」という状況について、ヨウムでは比較的、階層性が低い因果関係の中で、それが起こらなければ把握できないのではないだろうか。たとえば、自分が書類をかじって、ペパーバーグ氏が怒鳴ったとき、アレックスにはその因果関係がわかるのだと思う。

また、(いつもやっているように)ペパーバーグ氏が課題を出したのに、ずっと自分がそれに対応せずにいたらペパーバーグ氏が、それまでの行為をやめてその場から立ち去ろうとしたとき、アレックスにはその因果関係がわかるのだと思う。

ところが、もしもう少し階層性が高い因果関係が把握できなければならない出来事が起こったら、アレックスは「アイム・ソーリー」とは言わないのではないだろうか。たとえば、〝ペパーバーグ氏が課題を出したのに、ずっと自分がそれに対応せずにいたらペパーバーグ氏が、それまでの行為をやめてその場から立ち去った〟という出来事の次の日の朝、その出来事があってから、はじめて会ったペパーバーグ氏が、いつもとは違って自分のほうを全く見ず、声もかけなかったとしたら。

人間であれば、いつもとは違う敵対的な相手の態度と、昨日の出来事を高い階層でむすびつけて相手に謝ったり、探りを入れたりすることは充分ありえる。でも、おそらくヨウムでは、その〝高い階層でむすびつけ〟ることができないのではないだろうか。高い階層性での因果関係が把握できない、と表現すればよいのだろうか。

月に行けるロケットは、機械の部品の組み合わせから情報解析のシステムまで、階層性が高い組み合わせが把握された上でつくられている。それは、二次や三次の階層までしか対象を把握できないチンパンジーやヨウムにはできない行為なのである。

5　ヒトはなぜ涙を流すのか

「涙は、良くも悪くも、その人生を深く色どる、色のない液体である」と言ったのは、他ならぬ……私である。

誰にでも、人生の中で忘れえぬ涙がある。もちろん私にもたくさんの忘れられない涙がある。1つ上げろと言われたら、救いようのない悲惨な出来事に見舞われて流した涙より、ひたむきな思いの中で、一筋の希望とともに流した涙を上げるだろう。

「ヒトはなぜ涙を流すのか」についてお話しする前に、私の〝一筋の希望とともに流した涙〟の1つについて聞いていただきたい。それは、ヒトの（実に多様に見える）涙の本質的な理解にも寄与するものであるからだ。

大学生のとき、友人と2人で北海道の羊蹄山《ようていざん》（蝦夷富士）に登った。将来のことで思い悩んでいる私を見て友人が誘ってくれたのだ。

京都の舞鶴港から船に乗り、20時間ほどかけて小樽港についた。小樽港は朝もやに包まれていた。羊蹄山に登る前に、海辺でテントを張って寝た。近くにあった銭湯にいったら番台のおばあさんと話がはずみ、茹でたトウモロコシをもらった。とてもおいしかった。

羊蹄山に登りはじめたのは昼過ぎだったと思う。頂上近くにさしかかったころ濃い霧がわきあがり、暗さも手伝ってほとんど視界が利かない状態になった。それでも何とか遭難することなく頂上の小屋にたどりつけたのは、登山経験の豊富な友人のおかげだった。

次の日、小屋の周りを散策していたら、外でシマリスと出合った。霧はまだ晴れておらず、その霧の中を、紫色や黄色の花をつけた植物の間でシマリスが食事をしていた（そのとき夢中で撮った写真が残っているのだ）。

それから少し下に降りていって、開けた尾根の道を歩いているときだった。立ちこめていた霧が突然晴れたのだ。そしてそれとともに前方に現われた風景を見て、私は（そしてたぶん友人も）息をのんだ。

雲海である。それも誇張して言えば、この世のものとも思えないような、空のかなたまで続く、広い広い大きな大きな雲海だった【図5】。その巨大な壁画のような、巨大な創造物のような雲海を前にして、私と友人は圧倒された。圧倒されてはじめは高揚し、お互いにしゃべりあい、そ

【図5】 大学時代、羊蹄山で見た雲海と著者。この世のものとも思えない景色に思わず涙が。

れから静かに雲海と向き合った。そのときである。私は心が揺り動かされるのを感じ、涙が出てきたのだ。なにかとても不思議な体験だった。涙が後から後からあふれてきた。

そのときの涙を私は忘れることができない。それは、ヒトの涙の多様性、繊細さをよく物語っていると思うのだ。だからその後、涙についての動物行動学的意味(つまり涙の働き)を考えるとき、いつもそのときの涙が顔を出し、私に言うのだった。「おまえ、その解釈であのときの涙は説明できるのか」と。

情動性分泌涙の4つの仮説

「ヒトはなぜ涙を流すのか」——涙についての動物行動学的意味の本題に戻ろう。

涙腺から出る涙は、通常3つのタイプに分けられる。

「基礎分泌の涙」「刺激性分泌の涙」「情動性分泌の涙」である。

基礎分泌涙は日常的に行うまばたきのときに角膜を潤《うるお》す涙で、「目の乾燥防止や老廃物の排出」といった機能をもつと考えられている。

刺激性分泌涙は、煙やタマネギから飛び散る化学物質などが目に入ったり、目の表面に何かが当たったりしたときに出る涙である。働きとしては、有害物質の除去や殺菌作用などが考えられている。

さて、本章で私がお話しする「涙」は3番目のタイプ、情動性分泌涙である。

情動性分泌涙は通常、先の2つのタイプの涙と比べ、分泌量が多く（しばしば頬を伝うほど）、分泌を担当する神経系も、先の2つのタイプの涙の場合と異なっていることが知られている。たとえば、脳から目に達している三叉神経の大元を切断すると、先の2つのタイプの涙の分泌は止まる（激減する）が、情動性分泌涙には分泌量の変化はないという。ちなみに、先の2つのタイプの涙は人間以外の多くの動物にも見られるが、情動性分泌涙は人間のみに見られる涙だと言われている（ラッコなど幾つかの動物で、苛立ったような状況で涙を流すことが報告されているが、それらが情動性分泌涙の例と考えられるのかどうかは、まだ不明である）。

その言葉のとおり、情動性分泌涙は、一般的な説明では「喜怒哀楽の感情が高ぶったときに出る涙」と説明されている。

情動性分泌涙の働きとして、現在、考えられている仮説は以下の4つに分けられる。
（1）涙は、感情の高ぶりによって体内に増加した有害物質を排出する。具体的にその物質が何なのかは充分にはわかっていない。1つ可能性があるのは、マンガンだと言われている。マンガンは、血液中などに過剰に存在すると神経系に有害な作用を及ぼすことが知られている。一方、涙の中には高濃度のマンガンが含まれており、感情の高ぶりによって体液中に増えたマンガンを涙が排出しているのではないか、と推察されている。
（2）涙は、感情の高揚にともなって起こる体内のストレス状態を緩和する、あるいは、元にもどす。
この仮説の提唱者の1人に、『涙　人はなぜ泣くのか』（石井清子訳、日本教文社）を書いた心理学者ウィリアム・H・フレイ氏がいる。感情の高揚は、特にそれが大きな苦痛を伴う場合は、いわゆるストレスとして体内に緊張状態をもたらす。その緊張状態があまりにも長く続き過ぎると、神経系や免疫系に有害な作用を及ぼすことがわかっている。フレイ氏は、涙の中に緊張状態を緩和する機能をもつことが知られているロイシンエンケファリンと呼ばれる化学物質が含まれていることなどを根拠に、「涙＝ストレス緩和」説を主張している。またフレイ氏は、著書の中で、被験者の泣いた後の気分を調べ、「泣くことによって気分がさっぱりした」と答えたケースが8割近くに上ることを報告している。

(3)女性の涙は、男性の性欲を減退させる。

この説は、神経生物学者ノーム・ソベル氏らの研究チームが最近、発表した説である。実験では、(感動的な)映画を見て泣いた女性の涙を男性に嗅いでもらい、男性の脳の活動部位や血中テストステロン濃度や皮膚温度などが測定された。その結果、導き出された知見が「女性の涙は、男性の性欲を減退させる」である。ただしソベル氏は、女性の涙がもつ「男性の性欲の低下」という働きは、涙がもつもっと大きな働きの一部にすぎないのではないかとも考えている。その大きな働きとは、「相手の攻撃性を低下させる」という効果である。それは女性の涙には限らない。男性の涙も、そのニオイが相手の攻撃性を低下させる効果をもつのではないかというのである。

人間以外の動物で、そのような効果をもつ涙を流す動物が知られている。モグラのように、暗い地下で生活するメクラネズミの一種である。メクラネズミでは、レンズなどの目の構造体が皮下に埋没しており、その構造も本来の目のパーツをかなり失っている。しかし、その〝目〟から体表に出てくる涙は、たとえばオスの涙は、他のオスの攻撃性を抑える効果をもつことが実験によって示されている。涙を出したオスは、両手でその涙を顔や体に広げる動作をよく行うが、それは涙が空気中に発散しやすくする効果があり、攻撃抑制効果を高めているのではないかと考えられている。メクラネズミは涙を視覚的に知覚することはできず、涙のなかの何らかの化学物質が、ニオイとして攻撃性低下効果をもつことが示唆されている。

ソベル氏はこのような事例をあげて、同様な効果を人間の涙のニオイももっており、その働きが（あくまでその働きの一面として）男性の性欲を低下させるのではないかと推察している。この推察を（3′）としよう。つまり、

（3′）涙は、そのニオイによって相手の攻撃性を低下させる。

（4）涙は、視覚的に相手の攻撃性を低下させる。

これは、（3′）の説と、「効果」は同じだが、その原因が異なる。「涙は、そのきらりと光る視覚的な信号によって、相手の攻撃性を低下させる効果をもつ」という仮説である。

基礎分泌涙や刺激性分泌涙と異なり、情動性分泌涙はたいてい量が多いことは冒頭で述べた。目の下まぶたに溜まった涙、そこからあふれ、頬をつたう涙は視覚的によく目立つ。

涙はしばしば、独特の声を伴う「泣く」という行動と一緒に現われることが多い。しかし、「泣く」ことを伴わない涙も多く（視覚が特に発達している動物である人間にとっては）、涙だけでも視覚的信号としてよく目立ち、相手の心に庇護の思いを引き起こす効果をもつのではないか。これが4つ目の仮説である。

読者の皆さんは、4つの仮説についてはどう思われるだろうか。

もちろん、必ずしもいずれか1つが正しくて他の3つは誤り、というわけではない。4つの仮

説が主張する効果がすべて存在することはありうる。しかし、動物行動学的な視点から言えば、次のように考えるのが妥当だと思われる。

① 情動性分泌涙がかなりのエネルギーを消費することから考え、涙は人間の生存・繁殖に有益な重要な機能があって進化したにちがいない。

② 進化的に発達するきっかけになった効果は1つだったと思われる。それは、他の行動の進化の事例から言えることだ。まずはある1つの主要な働きが、人間の生存・繁殖に有利に作用して、その行動の遺伝子が増える。他の働きが加わるとすれば、その後のことである。

私は次のような理由から、情動性分泌涙の〝主要な働き〟は、仮説（4）が示すものだと考えている。

その理由についてお話しする前に、情動性分泌涙があらわれる状況について確認しておきたい（以下、〝涙〟という場合は、情動性分泌涙のことだと思っていただきたい）。

よく涙は「喜怒哀楽などの感情が高まったときに、感極まって流される」と言われる。確かに悲しいときや苦しいとき以外にも、たとえば、「嬉し涙」とか「悔し涙」といった、表面的に見れば嬉しくて流す涙や、悔しくて怒りが治まらなくて流す涙もある。また芸術作品に接したときなどに、感動のあまり流す涙もある。

しかしよく考えてみると、嬉し涙も悔し涙もその背後には（あるいはその奥には）、悲しい体験や苦しい体験が、必ず何らかの形で結びついていることに気づくはずだ。芸術作品に接したときなどに流す感動の涙も、そのときその人が、人生の中で体験した悲しさや苦しさが想起されてこその涙ではないだろうか。

20年以上も前のことだ。日本の野球選手に、大リーガーへの道を開いた野茂英雄選手が、結婚式で涙を流したことが話題になった。私もその涙の場面は、テレビ（ワイドショーか何か）で見た。その涙は一般的には「嬉し涙」と呼ばれるし、実際にテレビはそう伝えていた。でも、それを見た人は、無意識のうちに気づいていたのだ。ただただ嬉しいだけの涙ではないことを（そもそも〝ただただ嬉しいだけの涙〟など存在しないと私は思う）。そしてマスコミは、その涙の訳をさまざまに憶測した。

もちろん、その涙の本当の理由は私にも分かるわけはないが、でも1つだけ言えることがある。それは「（一般的には嬉し涙と呼ばれる）その涙は、結婚にたどり着くまでにさまざまな苦しみがあったことを物語っている」ということだ。

すべて順調に事が運び、嬉しいだけの結婚では、当人たちは涙を流さないだろう。もちろん、それまで苦労をして自分を育ててくれた親のことを思っての涙はあるかもしれない。しかし、少なくとも嬉しさだけの感情が盛り上がっても涙は出ないのである（ちょうど怒りだけの感情が盛り上がっても涙は出ないのと同様に）。

結婚式といえば両親、特に母親の側にも、しばしば涙が見られる。その涙も嬉し涙と呼ばれるが、その奥に子育てのなかで出合ったさまざまな苦しみや、子どもが成長のなかで経験した苦しみの思い出があればこその涙ではないだろうか。

それは、たとえば長いリハビリを耐えて、再びグラウンドで輝いたスポーツ選手が流す嬉し涙と同様な心の動き、とでも言えばよいのだろうか。

相手の攻撃性を低下させる

では、なぜ私が「涙は、視覚的に相手の攻撃性を低下させる」という仮説（4）が最も可能性が高いと考えるのか、仮説（1）～（4）のそれぞれを検討することによって、説明したい。

まず、仮説（1）の検討から。

もし仮説（1）が主張するように、涙の働きが感情の高ぶりにより体内に増加する有害物質の排出だとしたら、次のような疑問がわく。

有害物質の排出をしなければならないのだとしたら、なぜ視覚的な信号としてよく目立ち、その遂行に少なくないエネルギーを伴う〝情動性分泌涙〟を、わざわざ進化させなければならなかったのか。〝体内の有害物質の排出〟なら、ヒトはすでに祖先種（旧人や原人、あるいはもっと遡った霊長類や哺乳類）の段階で、腎臓など体内の有害物質の排出に専門化した立派な器官をもっていたではないか……。

そしてこの疑問は、この仮説にとって致命傷になるというのが私の意見である。

次に、仮説（2）の検討である。

仮説（2）の内容は、「涙の働きは、感情の高揚にともなって起こる体内のストレス状態を緩和すること」というものである。私は以下のような理由で、この説には賛同できない。

まず、涙の何がストレス状態を緩和するというのだろうか。フレイ氏は、「涙の中には、緊張状態を緩和する機能をもつロイシンエンケファリンと呼ばれる化学物質が含まれている」と指摘している。しかし、このロイシンエンケファリンは涙腺で生産されたものではないことがわかっている。ロイシンエンケファリンは副腎髄質や脳内で生産される物質である。だとしたら、感情の高揚に伴うストレスに対抗して副腎髄質や脳内で生産されたロイシンエンケファリンが、血液などの体液を経由して涙に混じっていると考えるのが妥当だろう。つまり涙がストレスに関係があったとしても、それはストレスを沈静化するために出されるのではなく、副腎髄質や脳内がストレスの沈静化のために放出した物質が、単に涙のなかに入ったという結果に過ぎないのである。

またフレイ氏が行った実験で、被験者の8割近くが「泣くことによって気分がさっぱりした」と答えた点についても、それが涙を流すという特定の行動によって生じたのかどうかは疑問である。誰でも声を出したり、机をたたいたり、走ったりといったエネルギーを使う行動によって、ストレスが沈静化することがよくあるではないか。だとしたら、被験者が「気分がさっぱりした（ストレスが沈静化した）」と感じたのは、必ずしも涙を流すという特別な行動ではなくても、なにがしかのエネルギーを使う行動であればなんでもよかったのかもしれない。つまり「〝感情の高揚にともなって起こる体内のストレス状態を緩和する〟という働きが、涙にしかできない働きであり、それゆえに涙を流すという行動が進化した」とは考え難いのである。

さらに、ストレス状態の原因になる感情の高揚には、さまざまな種類の感情の高揚があると思われるが、涙はどんな感情の高揚のときでも流されるわけではない。たとえば怒りだけの感情の高揚のときは、涙はまず流されることはない。もし涙が「感情の高揚にともなって起こる体内のストレス状態を緩和する」という働きを担って進化したのだとすると、「怒りだけの感情の高揚のとき」でも涙は流されるはずである。

（3）も含めた（3′）の仮説「涙は、そのニオイによって相手の攻撃性を低下させる」はどうだろうか。私は、この説について次のような疑問をもつ。

もし仮説（3′）が主張するように、涙のニオイがその働きの主たる刺激だとしたら、われわれはなぜ、ニオイのない涙の映像や写真に対しても敏感に反応するのだろうか。

ヒトは哺乳類のなかで、とびぬけて（ニオイより）視覚が発達した動物である。まぶたに溜まった、また頬を流れる涙（光を反射して光ることが多い）が、その視覚刺激よりも嗅覚刺激の発生物質として進化したと考えるのは無理がありはしないだろうか。涙を流すという視覚的に目立った行動の進化は、視覚による認知を抜きにしては考えられないと思うのである。

ヒトの目から出た涙が視覚的によく目立つ理由の1つは、哺乳類のなかでは珍しい、毛を失った顔にある。

肌が露出した顔では、筋肉が動くと肌表面の凹凸がはっきり見え、相手にも変化が認知されやすい。それが、ヒトにおいて顔の表情が発達した理由ではないかと考えられている。そして、それと同様に顔の肌が露出したことが（そして涙の分泌が視覚的に認知しやすくなったことが）、ヒトにおいて、涙が視覚信号として進化しえた理由とは考えられないだろうか。

ところで、われわれは少なくとも、相手の目から出た涙のニオイを意識することはない。いっぽう、ソベル氏らの実験は、意識にはのぼらないニオイが信号として働いていることを示唆している。

このような信号は、一般的にはサブリミナル刺激と呼ばれ、確かに「意識にはのぼらないけれど信号として機能する刺激が存在する」ことが、実証的な実験によっても確認されている。したがって涙のニオイが、そのようなサブリミナル刺激として働いている可能性も充分ありうるだろう。

サブリミナルに近い、ニオイ刺激としてよく知られている事例として、「魅力的と感じる異性のニオイ」の研究があげられる。

研究では、女子大学生に、男子大学生の体臭がついたシャツを嗅いでもらい、最も性的な魅力を感じたものはどれかを報告してもらう実験が行われた。実験からわかったことは次のようなことだった。

自分の体臭とは、より異なった男性の体臭に魅力を感じる。

ちなみに、この結果の意味は以下のように解釈されている。生物学的には「自分の体臭とは、より異なった体臭」というのは、自分がもつ遺伝子とは異なった遺伝子をもつ可能性が高いことを示している。それをもつ異性との間に生まれる子どもは、多様な遺伝子をもつことになり、病気になりにくい可能性があるからだろう。

しかし、このような「体臭の性的魅力としてのサブリミナル効果」の場合でも、顔とかスタイルとか、性格や経済力を示唆する行動といった、意識される視覚的な刺激のほうが、より強烈な性的魅力として作用する。涙の場合も、ニオイを通してのサブリミナル効果よりも、その視覚的刺激のほうが強い信号性をもつと考えるのは自然なことではないだろうか。

涙は庇護をうながす

以上、私が仮説（4）「涙は、視覚的に相手の攻撃性を低下させる働きをもって進化した」を支持する理由である。

悲しくて泣くときはもちろん、嬉し涙のときも悔し涙のときも、相手の攻撃性を低下させることは当人にとって有利だろう。単に嬉しがっている個体より、涙を見せて嬉しがる個体のほうが、他個体から親愛の感情を引き出しやすいだろう。悔し涙のときも涙があったほうが、他個体に同情されやすいのではないだろうか。

さて、では次のような問いはどうだろうか。

涙の機能として仮説（4）が正しいとして「涙はなぜ、それを見る側に対して、攻撃性を低下させ庇護の思いを高めるような効果をもつのか？」。

これは、これまで誰も発したことのない問いであるが、私はこの問いについて、仮説（4）の妥当性にもつながる以下のような答えを考えている。

キーワードは、〝幼児〟である。

多くの動物で、親が子を保護するときに交わされる行動を、成熟した個体が相手の攻撃性を低下させる場面で使うことが知られている。たとえば、オオカミなどのイヌ科動物の多くでは、子どもは母親に餌を求めるとき、高い声を発して親の口をなめる。そして同様な行動が、群れの中で順位の低い個体が、リーダーに対して挨拶するときに見られる。

ニワトリでは、母親は地面の餌がある場所を嘴でつついてヒナに餌を食べさせる。そして、雄は雌に求愛するとき（求愛では雄が雌に近づくため、雌の不安や攻撃性が高まると考えられている）、地面に餌があるかのように嘴で地面をつつく行動を行う。

人間でも恋人同士は、相手の攻撃性を低下させ親愛の感情を高めるため、親子の間で交わされる、ささやくような声や甘えるような動作を示す。〝口づけ〟についても、親が子どもに嚙みほぐした食物を口移しで与える行動に起源をもつと考える研究者が多い。

さて〝涙〟である。

涙は、幼児が親の保護を求めて、通常は泣き声とともに発する信号である。親は、幼い子どもの泣き声を聞きその涙を見ると、保護せずにはいられない衝動に駆られる。もちろん例外的な状況はあるが、親にはそのような生得的な特性が備わっていることが実証的な研究からも示されている。

「涙はなぜ、それを見る側に対して、攻撃性を低下させ庇護の思いを高めるような効果をもつのか？」――私の仮説はこうである。

ヒトの幼個体は、親からの保護を受けなければ生きていけない。その保護が必要なとき、幼児は自分に可能で（移動や体を大きく動かすことなどは特に乳児には難しい）、かつ親が最も気づきやすい感覚刺激を出して親にそれを伝えようとするだろう。それが泣き声であり、涙なのであろう。なにせヒトは、視覚と聴覚が特に発達した動物であるのだから。幼児のすべすべの肌の上を流れる涙は、特によく目立つ信号になったのではないだろうか。

いっぽう、他の多くの動物と同様にヒトでも、自分の子どもの命を守ろうとする強い心理の回路が脳内に存在する。もちろんその脳内回路の発達は、成長に伴う体験に大きな影響をうけるだろう。でも、回路の基本構造はしっかりと遺伝子の情報に組み込まれていることは間違いない。でなければ、それぞれの種は子孫を残して、少なくともある期間、地球上に生きながらえることはできないはずだ。

その回路は、幼児の発するさまざまな信号に敏感に反応し、その信号の種類によっては、「保護しなければ！」という衝動を生み出すのだと考えられる。そしてその信号が、泣き声や涙である。

さて、先に「多くの動物で、親が子を保護するときに交わされる行動を、成熟した個体が相手の攻撃性を低下させる場面で使うことが知られている」と述べた。そして、それが〝涙〟に関しても起こったと考えるのは自然なことであろう。つまり、親子の間で確立された、涙が信号となる基本的な「刺激→反応」図式が、成人同士の間でも使われたのである。

成人で「相手の攻撃性を低下させ庇護の思いを高める」行動としては、さまざまな種類のものがありうるのに、なぜ〝涙〟や〝泣き声〟なのか。その理由は、幼児にとって効果的な信号が、成人でも使われたのではないか、というのが私の推察である。

ちなみに、涙は男性よりも女性に見られやすいことが、文化や風土が異なる世界中の地域で共通して知られている。これも、「涙＝幼児信号起源」説で容易に説明できる。

女性は男性にくらべ、視覚的形質、聴覚的形質が、幼児により近い。丸みを帯びた顔や体、体毛の少なさ、声の音程の高さ（女性には男性ほど顕著な思春期の声変わりがない）などである。涙＝幼児信号であれば、女性が幼児信号としての涙を見せやすいことも充分納得できる。

幼児における、悲しさや苦痛とともに流される涙は、〝涙の原型〟と呼べるかもしれない。それは「涙＝親の攻撃性を低下させ庇護の思いを高める」という働きをもつ〝涙の原型〟である。

いっぽう、脳の発達を経た成人では、その原型はさまざまな場面で、料理のスパイスのような使われ方もする。「助けて」というメッセージのスパイスを、目の前にいる人たちに、主食材の味に合わせて味わわせるのである。それが嬉し涙であったり、悔し涙であったり、笑いながらの涙であったりするのだ。

過去の出来事を思い出したり、誰かのことを頭に浮かべて流す涙も、脳の発達を経た成人ならではの現象だろう。

そのスパイスは、自分の非力をさらけ出すことにもなるが、同時に素直さ、攻撃性のなさを相手に伝えることにもなる。主食材の味に涙のスパイスを加えることが、本人の生存・繁殖上の有利さを増す場合も多々あるだろう。

以上、涙についての私の仮説の大方の内容をお話しした。

最後にこの仮説が、私が冒頭の〝巨大な雲海を見て流した涙〟をどのように説明できるかをお話しして本章を終わりにしたい。

今ならよくわかるのだ。

巨大な壁画のような、巨大な創造物のような雲海を前にしたとき、私はその雄大さや美しさに心を大きく動かされたと同時に、巨大な創造物に対して心の片隅で叫んでいたのだ。「助けて」と。

そのころ私は、大学卒業後の進路についていろいろ悩んでいた。進路がなかなか思い通りに開けず、恋愛にも悩み……そうした状態に耐えながら毎日を送っていた。

そんなときに見た、本当に圧倒されるような雲海だった。それを見て私は、なにかそこに大きな大きな力を感じ、それが自分を見守ってくれているような感覚を覚えたのだ。その前で私は子どものような気持ちになった。そんな気持ちになり、自然に涙があふれてきた。声にこそ出さなかったが、私はきっと心のなかで叫んでいたと思うのだ、「助けて」と。そして実際、思いがけず出合った、その大きな力に助けてもらえるような、一瞬、不安感を忘れる気分にもなった。

われわれホモサピエンスは本来、グループをつくり、リーダー的な存在を意識する習性をもった動物である。その習性が、雄大な雲海の背後に大いなるリーダーを感じさせたのかもしれない。

以上が、私自身の〝忘れられない涙〟の理由も説明する、「ヒトはなぜ涙を流すのか」についての私の主張である。

6　ヒトは悲しみを乗り越えて前に進む動物である

私が学生だった頃、部屋で半ば放し飼いにして飼っていたシベリアシマリスは、秋になると、私が与えた餌を（それまでは、すぐに殻を剥いて食べていたのであるが）頬袋に詰め込んで、部屋のいろいろな場所に隠すようになった。来るべき冬に備えての準備である。

あまりの熱心さに、私が体を心配して「おいしいよ、まず食べて、一息ついてから貯め込みをしたら？」と声をかけても、全く反応はない。何かに取り憑かれたように、頬袋を餌（ヒマワリやカボチャの種子など）で大きくふくらまし、それを貯める場所を探してまわった。頬袋の種子で重くなった頭部がいつもより下がった状態で移動していた。

自然界なら木の付け根の土の中とか、石に接する土の下とか、餌を貯める場所はそこらじゅうにあるのだが、あいにく私の部屋には土などはない。

それでもシマリスはカーペットの下や本棚の角に、あたかもそこに土があるかのように、〝土を掘る〟動作や〝土を埋める〟動作をして、種子を貯めた。

われわれは一般的に、シマリスのこのような行動、あるいは秋になると種子貯めをしようとする欲求を「本能」とよぶ。

本能行動の特徴の一つは、試行錯誤によって、その行動をすることがよい結果を生むことを学習するのではなく、特定の状況が生じたらそれを行ってしまう、ということである。

では人間の場合はどうだろうか。

「本能」を、「多くの人間に共通して見られ、特定の状況が生じたら、自分でもなぜそうするのか、はっきりとした自覚なしに行ってしまう行為や心理、思考」と定義したとしよう。

一般に、「人間は他の動物と比べて本能が少ない」とよく言われる。でもそれはほんとうだろうか。

たとえば、「何も食べない状態が続くと空腹感を感じ、何かを食べたい欲求に駆られる」。このとき人間は学習によって、何かを食べると空腹感が減ることを学んで、何かを食べたいと感じるようになるのではない。「何も食べない状態が続く」という状況が生じると、健康な人間なら誰でも空腹感、摂食欲求を感じるのである。感覚細胞や神経系を中心とした体内の生理的なシステムが、そのように組み立てられているからである。

恋愛をめぐるいろいろな思いも、先に定義したような本能であるものが多い。そもそも異性に恋心を感じること自体本能だし、失恋したときに悲しさを感じるのも本能である。恋人の浮気の現場に遭遇したとき、怒りや嫉妬心を感じるのも本能である。

こんなふうに見ていくと、「人間は他の動物と比べて本能が少ない」という一般的な通念は、かなり怪しいことがわかる。私は事実はむしろ逆だと思う。

世界的に有名な言語学者であり進化心理学者でもあるハーバード大学のスティーブン・ピンカー氏は、著書『心の仕組み』（上・中・下巻、椋田直子訳、日本放送出版協会）の中で「……ヒトが他の動物より少ない本能しかもっていないからではなく、逆に〈より多く〉もっているからである……」と述べている。そのとおりなのだ。

一昔前の文化人類学者の中には、欧米の人間が当然と思っている「正義感」とか「道徳感」「羞恥心」「罪の意識」「血縁者に対する特別な親愛感」「インセストタブー（近親相姦に対する嫌悪感）」「〝貸し借り〟のバランスへの敏感さ」「裏切りへの怒り」等々の心理は、文化が異なる地域では存在しないと主張する人が多くいた。ところがその後の研究で、こういった心理は、どのような文化のもとで育った人間でも、基本的に備えているものであることが実証されるようになった。

人間という動物の特性の一つは「大きな脳」である。そして脳が大きい理由の1つは、多くの種類の本能の神経系や、それらを調節・統合する神経系を備えているからだと考えられる。

さて、そろそろ本題に接近していきたいのだが、私は、人間という動物が進化の過程で遺伝的に獲得していった、欲求や感情を中心にした本能の多さが、人間の苦しみや悲しみの深さや多さを生み出しているのではないかと推察している。

そういった「多くの本能ゆえに生みだされる苦しみ」の例を少しあげてみよう。

悲しみの役割

人間という動物の脳は、「現在、自分が置かれている状況や、自分が感じている心理・感情をモニターする」という特性を備えている。この特性は一般的には〝自我〟とも呼ばれ、この本能が、脳内のどのような領域の神経系で生み出されているか、そして、その神経系はどのような構造をもっているのかといった問題も徐々に解き明かされている。

また、人間の脳には、「他人がどう思っているか、どう感じているかを推察する」という特性が備わっており、この〝心の読み取り〟の本能は脳の生理学的な成熟に伴い、3歳前後から活動するようになると考えられている。ちなみに〝心の読み取り〟は、漠然とした「頭のよさ」あるいは「知能」の発達に伴う結果のように思われる方もおられるかもしれないが、そうではない。この能力を生み出す独自の神経系が存在し（その一つはミラーニューロン系と呼ばれている神経系である)、それがあってはじめて、発達した〝心の読み取り〟が可能になるのである。

さらに、人間という動物の脳には「現在の事物・事象が、今後どのように変化するかを予想する」という特性も備わっている。人間以外の動物の中にも、このような特性をもっている動物も多く知られているが、人間の場合はこのような〝未来予見〟特性がとても発達している。

〝自我〟や〝他人の心の読み取り〟〝未来予見〟といった特性は、ホモサピエンスという種が祖先種から分化して誕生する上で、生息環境にうまく適応した本能であったと考えられる。ほとんどの人間は、誰に教えられることなく、生後の身体(特に脳)の生理的成長にともなって、この特性が自動的に現れてくる。

〝自我〟〝相手の心の読み取り〟〝未来予見〟などは、もちろん、その人間という動物が生きて繁殖するうえでなくてはならない本能的特性なのである。しかし、これらの本能的特性を備えるがゆえに、それらが重なり合ったり対立することによって、時として深い苦しみや悲しみが生じることも確かである。たとえば、「将来を悲観する」「将来生じる可能性が高い出来事を思い、怯え苦しむ」「自分の今の状況をとてもみじめに思う」「他人が自分をどう思っているかを考え、悲しくなったり恐怖を感じたりする」「自分がとった行為に対して深い罪悪感をもち続ける」等々である。

ところで、〝自我〟〝相手の心の読み取り〟〝未来予見〟をはじめとした本能が生み出す苦しみや悲しみは、なぜ存在するのだろうか。

先にも述べたように、人間は国や文化の違いに関わらず、苦しんだり悲しんだりする状況はよく似ている。たとえば、肉親の死とか財産の突然の喪失、周囲の人間からの攻撃といった場面である。

冒頭で「本能」を「多くの人間に共通して見られ、特定の状況が生じたら、自分でもなぜそうするのか、はっきりとした自覚なしに行ってしまう行為や心理、思考」と定義したが、そういう意味では、苦しみや悲しみも本能と言えるだろう。そして苦しみや悲しみは、どんな状況で生じるものかによってその内容も異なり、基本的には各々の状況で当事者個体の生存・繁殖を有利にするように働くと考えられる。

少し説明しよう。

行動や心理を、進化的適応という現象を基盤にして理解しようとする学問である動物行動学が、これまでの研究を通して明らかにしてきたのは、次のような内容である。

人間も含めた動物の本能的な行動や精神活動（心理や感情、思考特性など）は、それぞれの種が生きている生活環境（自然環境や社会環境など）の中で、各々の個体が自分の遺伝子を子孫に伝えることができやすいパターンに形づくられている。

われわれホモサピエンスを例にとって述べてみよう。

ホモサピエンスは、基本的に「一夫一妻で雌雄ともに子どもの保護を長期間行い、自然の中で狩猟採集によって食料を得る」という生活環境の中で生きる動物である。そういう動物であるホモサピエンスが、異性に対して恋愛の感情を湧き立たせるのは、それが一夫一妻の形成へとつながるからである（そしてやがて子どもをもうけることにつながるからである）。他の動物ではあまり見られない、異性をめぐる〝嫉妬〟の感情をもつのは、それが一夫一妻の維持につながるからである。また、子どもに対し長期間保護本能を持続する（少なくとも他の種類の動物と比べ長い！）のは、それによって未熟な状態で生まれてくる少人数の子どもを、確実に成長させることができるからである（各々の個体が、自分の子孫を残すことにつながるからである）。

ちなみに、以上の内容を次章で述べる見方で言い換えれば、「自分（遺伝子）が子孫にうまく伝わっていくように作動する乗り物（つまり遺伝子が乗っている個体）を設計する遺伝子は、必然的に増えてしまう」ということになる。そこには、〝自我〟や〝相手の心の読み取り〟〝未来予見〟といった本能を生み出す脳内神経系（神経の配線）の設計も含まれ、そういった神経系の設計図となる塩基配列を備えた遺伝子が、結果的に個体に子どもをもうけさせ、その子どもに移動して、世代を超えて増えていってしまうのである。

さて、このような状況から判断すると、「遺伝子が設計している神経の配線によって生み出される苦しみや悲しみは、その遺伝子をもつ個体が子孫を増やすことにプラスに働く（遺伝子が、自分がより多く増えていけるように、ある場面で苦しみや悲しみを感じる脳を設計している）」と推察することはとても自然である。そして実際、苦しみや悲しみが生じる場面を考えると、そのときの苦しみや悲しみが（および、その後に続く心の変化が）実は、その個体の、その後の生存や繁殖に有利な結果を生み出していることに思い至るのである。それはちょうど、最近の研究によってわかってきた次のような医学的な知見と似ている。

「われわれがウイルスなどの病原体に感染したとき、〝発熱〟したり〝下痢〟をしたりするのは、熱に弱い病原体を〝発熱〟によって殺したり、腸内に増えた病原菌を〝下痢〟によって体外に排出したりするためである」

つまり、ほとんどすべてのホモサピエンスに共通して備わっている〝発熱〟や〝下痢〟といった症状は、ホモサピエンスの遺伝子の設計図に沿ってつくられた適応的な体内生理システムである、というわけだ。

そして、ホモサピエンスの〝苦しみ〟や〝悲しみ〟も、〝発熱〟〝下痢〟と同じように、自分（遺伝子）が増えるように、遺伝子内に書き込まれている設計図に沿ってつくられた脳内神経系を中心とした体内生理システムだと考えられるのである。

子の死はなぜ悲しいのか

たとえば次のような場面を想像してみよう。

母親と子どもが一緒に川のそばで遊んでいて、母親がちょっと目を離した隙に、子どもが岸から川に落ちて命を落としたとしよう。

母親の悲しみ、苦しみはどれほど大きいだろうか。

ホモサピエンスの脳内に共通して備わっている神経の配線が、状況の理解とそれに続く大きな悲しみや苦しみの感情を生み出すからである。

さて、そしてその悲しみや苦しみの感情は、その後その母親にどのような変化をもたらすだろうか。もちろんさまざまな変化をもたらすだろうが、その中で高い確率で起こる変化は、苦しみや悲しみの中で生じる「もう二度とこんな思いはしたくはない。これからは幼い子どもから目をはなしたりしない」という気持ちである。もしその母親がその後、子どもを持つことがあれば、その気持ちはあるときは意識的に、あるときは無意識のうちに、母親の行動に変化を起こすに違いない。

ホモサピエンスは地球上の生物の中で、一生涯に出産する子どもの数が最も少ない動物種の1

つである。「少ない子どもをもうけ、子ども一個体ずつの世話に大きなエネルギーを費やし、子どもが生殖可能な年齢になるまで育てる」という繁殖の仕方であり、生物学的には少産保護戦略とよばれる。ちなみに、「世話はできないけれども子ども（卵）をたくさん産む（その子どもたちの中で少数だが、生殖可能な年齢になるまで育つ）」という繁殖の仕方（多産戦略）をとる生物もいる。どちらの戦略をとる生物が高等というわけではない。生活環境の内容によって、どちらの戦略が有利かは決まってくるのである。

少なく産んで、その子が死なないように育てるホモサピエンスのような、少産保護戦略の動物では、一個体であっても子どもが死ぬことは、遺伝子の増殖にとって大きな損失になる。だから脳内神経系には、子を死から守るようにふるまう強い心理・行動の配線が組み込まれているのである（少産保護戦略の動物で、そのような配線を設計する遺伝子が備わっていない動物は、すぐに滅びてしまうだろう）。

でももちろん、人生、何が起こるかわからない。子どもが不慮の事故で死ぬ場合もある。そしてそんなときの（遺伝子の増殖にとっての）ベストな対策は、「もう二度とそんなことが起こらないようにする」という気持ちを脳が強めることである。そのような性質の神経系を設計する遺伝子は、増えやすくなるに違いない。

わが子を失って感じる悲しみや苦しみは、その後、また授かる可能性がある子どもを死から守り、それを通して少産保護をしっかりとやり遂げる可能性を高める、脳内神経系に装備された対策の一特性と考えられるのである。

そういった作用以外にも、さまざまな状況で生じる苦しみや悲しみは、個体にいろいろな影響を与える。あるときは「前へ前へと向かう攻めの行動を抑制し、思索に向かわせたり」、あるときは「他個体に助けを求めたり、他個体と協力したりする気持ちを増大させたり」、また「他人の心をより深く理解するようになる機会を与えたり」する。

人間のような、大きな脳にたくさんの本能的特性を装備した生物にとっては、それらのほとんどが、長期的に見れば生存・繁殖に有利になる影響だと考えられる。

悲しみを乗り越えられる理由

一方、何かの出来事で大きな苦しみや悲しみを感じさせた脳は、その悲しみや苦しみをいつまでも大きいままで持続させるだろうか。遺伝子は、大きな苦しみや悲しみがいつまでも続くような脳を設計しているだろうか。

進化的適応という視点から考えると、他の生物と同様に地球上に存在し続けている人間という生物が、いつまでも悲しみ続け苦しみ続け、動きを止めている存在ではないことは容易に想像できる。

人間の遺伝子が、そんな構造の生物体を設計しているとは考えられないのである。もしそんな脳を設計する遺伝子だったとしたら、地球上で何世代もの間、遺伝子が世代を乗り継ぎながら存在し続けることはできなかっただろう。

そもそも人間は、さまざまな状況から身を守る本能的な仕組みを高度に発達させている。病原菌に対抗する免疫機構をはじめ、怪我に対する治癒力もそうである。

人間は「高所、閉所、水流、雷、血、ヘビ、クモ、猛獣」などに対して本能的に恐怖を感じやすく、それらへの感受性が高くなりすぎると、特定恐怖症と診断される症状が現れる。高所恐怖症、閉所恐怖症、ヘビ恐怖症、クモ恐怖症などである。これらの対象は、本来の人間の狩猟採集の生活環境においては、死亡に結びつきやすかったものだと推察され、そのころ適応的だった脳を設計する遺伝子が、現在でも変化することなく世代を乗り継いできていると考えられている。現代の先進国においては、疾患・自然死以外の死亡原因の上位は、車や電気、銃などなのに、これらが特定恐怖症の対象になることは極めてまれである（数十万年以上の時間を経て選択されてきた脳構造の遺伝子が、わずか数百年ほどの時間で変化することはまずありえないのである）。いずれにしろ遺伝子は、個体という自分達の乗り物を、強力に防御する生理的な仕組みをつくり上げている。

そんな遺伝子のことである。遺伝子たちが、「いつまでも悲しみ続け、苦しみ続け、動きを止めている」ような、そんな構造の生物体を設計しているとは考えられないのである。

アメリカのコロンビア大学の心理学者G・A・ボナーノ氏は、これまでの苦しみや悲しみに対する人間の心理の学説に転換をもたらすような研究成果を発表して注目を浴びている。

その研究成果を簡潔にまとめると、以下のように表現できる。

「人間には、悲嘆、苦しみを乗り越える力が、本来的に備わっている――」

ボナーノ氏が〝転換〟をもたらしたこれまでの学説というのは、「悲嘆、苦しみを乗り越えるためには、体験の発話によるトラウマの解消や、ストレスに対抗する力をあらかじめ強化するような予防的プログラムといった、外部からの働きかけが効果的である」とする説である。

たとえば、緊急事態ストレス・デブリーフィングという方法は、恐怖の体験をした人に対して、心理学者が行ってきた〝働きかけ〟である。この方法には、恐怖体験をした人にその体験を話してもらい（デブリーフ）、感情を外側に発散させ、カタルシスをもたらすことによって、苦しみや悲しみを小さくしようとする意図があった。

しかし、ここ10年以上の間に行われた幾つかの研究は、この方法には意図されたような効果はなく、場合によっては有害な作用をもたらすことさえあることを示してきた。２００４年のインド洋津波の後、ＷＨＯ（世界保健機関）は、被災者の不安を増強するおそれがあるとして、緊急事態ストレス・デブリーフィングを行わないように警告したという。

また最近、アメリカの学校や軍隊ではじめられている、ペンシルベニア大学のM・E・P・セリグマン氏らを中心に組み立てられたペンシルベニア回復力プログラムについても、その効果が疑問視されたり、有害性が懸念されたりしている。ペンシルベニア回復力プログラムは、健康な人にも、苦境に陥った際の対応能力をあらかじめつけておいてもらおうという意図ではじめられたものである。

一方、これまでの心理学の知見や学説にとらわれることなく、人々の実際の状態を直接観察することで研究を進めてきたボナーノ氏は、心の回復力は人間万人に備わっている特性であること、そしてそれは心の自然な働きであり、特別な心理的サポートを必要としないと主張しているのである。

たとえばボナーノ氏は、UCバークレーのD・ケルトナー氏との共同研究の中で、愛する人を失って間もない多くの人々の表情を詳しく分析している。分析には入念な注意が払われ、たとえば儀礼的な笑いと本物の笑いを見分けることができる表情筋の動きなどもチェック項目に入れて調べられた。

その結果、悲嘆の表情の間に怒りや（本物の）笑いの表情が、短時間ではあるが表れ、表情はさまざまに変化することが明らかになった。このような結果について、ボナーノ氏は次のように解釈している。

愛する人や大切なものを失ったときなどに、仮借のない深い悲しみや苦しみが常に続くと、それはとうてい耐えられないこととして人を押しつぶしてしまう。そのため、われわれの脳の中には、悲しみに打ちひしがれた心理状態が切れ目なしに続くのを防ぐ仕組みも備わっているのだろう。

ボナーノ氏の仮説は、ストレスを受けたときの、脳内の一連の変化に関する生理学的研究によっても支持されている。たとえば、次のような研究結果である。

苦しみから生じるストレスがかかった状態では、脳の視床下部からは、コルチコトロピン放出ホルモン（ＣＲＨ）が分泌され、それを受けて、脳下垂体から副腎皮質刺激ホルモン（ＡＣＴＨ）が分泌される。ＡＣＴＨは副腎皮質を刺激し、副腎皮質からコルチゾールとよばれるホルモンを放出させる。コルチゾールは、体内を困難な環境に対抗する緊張状態に変えるのである。この状態が「苦しさに耐えている」感覚に相当するのだろう。ただし、このコルチゾールによる緊張状態が長時間続くと、脳をはじめとする体内の組織にダメージ（細胞の死など）が起こりはじめることが知られている。

一方、このようなコルチゾールの放出が長引いてくると、副腎皮質からデヒドロエピアンドロステロン（ＤＨＥＡ）、脳の視床下部からニューロペプチドＹ（ＮＰＹ）が放出されはじめることも知られている。そして、ＤＨＥＡやＮＰＹはコルチゾールの作用を抑制したり、苦しみの感覚を低下させる効果をもっている。

つまり、ある人に何らかの悲劇的な事態が生じて苦しみが生じ、これに対抗してコルチゾールが放出され体内の緊張状態が続くと、ＤＨＥＡやＮＰＹが放出され、苦しみを忘れさせる瞬間が増えてくるのである。

「苦しみ」がもっている人間の生存・繁殖に有利に作用する面も保障しつつ、その作用が長引きすぎて負の面が重くなってくると、逆に平常時の心や前向きな気持ちが現われはじめるようなシステムが、われわれには備わっていると考えられるのである。

繰り返すが、そのシステムは、遺伝子たちが設計した脳を中心とした体内のシステムである。

ボナーノ氏を紹介したドイツの新聞記者は、ボナーノ氏の研究に関する記事の見出しに、彼自身が取材の中で言った次のような言葉を使ったという。

「ひでえことは必ず起こるもの」

個人的な話になるが、私はこのボナーノ氏の言葉に時にとても勇気をもらった。

そう、人間はだれでも人生の中で「ひでえこと」に何度も遭遇する、必ず。

それでも意識、無意識両方を含めて、脳のいわゆる本能的システムが、本人を回復させるのである。苦しく、つらく感じられていたことが、自分の思考とは離れたところで、いつのまにか意識に上らなくなることを経験された方もおられるだろう。

ヒトは苦しみ、悲しみの中を前向きに生き抜く動物である。どんなにつらく、どんなにみじめで、どんなに苦しくても、生物としての自分を信じて、しばしの間、耐えていればよいのである。苦しみ、悲しみにたたかれながらも、前向きな感情がひょこひょこと、あるいはじわじわと顔を出してくることを信じて待つのである。

深い深い悲しみでさえそうなのだ。まして、日常のさまざまな悲しみや苦しみにさらされながらも、その中で前向きに生き抜く性質をもった動物なのだ。周囲の人にできることは、その本来的な特性が自力で伸び上がってくるのを、思いやりをもって見守ることなのだと思う。

7　遺伝子はヒトを操るパラサイト

読者の方は、カマキリを主とした昆虫の腸内に寄生するハリガネムシという動物をご存知だろうか。類線形動物というグループに分類される、長さが20センチ程度の、文字通り針金のような細長い動物である。

数年前、私のゼミで卒業研究に、そのハリガネムシについて調べた学生がいた。Nくんである。そしてその次の年、Nくんの研究が面白いと言って、その研究の続きを行った学生がいた。Oくんである。

2人とも講義や就職活動の合間を縫っての研究だったので、すでに出版されている論文を追試するような内容になったが、それでも2人とも研究の過程で、私がへーっと思うような面白いことをやってくれた。たとえばハラビロカマキリを冷凍し、腹を水平垂直にスライスし、ハリガネムシがハラビロカマキリの腸内でどんな格好で過ごしているのかを調べた。その結果、ハリガネムシはカマキリの腹の中で、ゼンマイのように渦巻状になってコンパクトにおさまっていることがわかった。また、腹の中にハリガネムシが入っているときは、カマキリの腹部の末端を数センチ水につけてやるだけで、ハリガネムシが尻から外へ出てくることも発見した。

さて、そのハリガネムシであるが、その生活史は感動的である（少なくとも、NくんやOくんや私にとっては）。どこからはじめてもよいのだが、まずは「カマキリの腹から出た」ところから出発しよう。秋のころである。

ハリガネムシの長い旅

通常はハリガネムシは、カマキリが水中に入ると、それを感じ取って尻からスルスルと出てくる。そして、この「カマキリが水中に入る」というところが前半の感動場面なのである。というのも、カマキリは体表に空いた穴（気門とよばれる）から空気を取り込んで呼吸をしている。だから水中に入ると気門から水が入って呼吸できなくなり、カマキリは死んでしまう。そんなカマキリが自ら飛んだり歩いたりして、池や小川などに移動して水中に入るのである。なぜそんなことをするのか。それは（詳しいメカニズムはまだ解明されていないが）ハリガネムシが出す化学物質が、カマキリの脳に作用して、カマキリが水のほうへ近づくような性質を作り出すと推察されている。この推察は間接的な証拠から、まず間違いないと思われる。

「水のほう」というのは、河川敷の草原にいるカマキリにとっては、河川敷を流れる自然水路であったり、河川敷にできた水溜りであったりする。山の裾野の草地にいるカマキリにとっては、沼地であったり小池であったりする。そしてカマキリが水に入り（結果的に入水自殺になる）、尻が水に浸るとハリガネムシが出てくることになるのである。河川敷や森の水場でよく網を振う私は、秋や冬にハリガネムシに対面することが多い。秋はたくさんのハリガネムシが互いに絡みあってかたまりのようになっており、冬にはそれぞれがバラバラになって、水底の枯葉などの下でじっとしている。

さて、完全にカマキリの腹から出たハリガネムシは、水中を体をくねらしながら移動し、同じようにしてその水場に泳ぎだした別なハリガネムシと出合い、絡み合う。山の裾野にしても河川敷にしても、そうそう水場は多くはない。周辺のカマキリが、おそらく水場からの何らかの刺激を頼りにしてそこへやってきて、入水自殺をするのである。場合によっては、1匹のカマキリから2匹のハリガネムシが出てくることもある。一つの水場にたくさんのハリガネムシが集中することもある。そうなると、かなり大きなハリガネムシの毛糸球ができることになる。

ちなみに私は小さいころ、自宅の庭の池で太い黒い糸の絡まりを見つけ、つまみあげたことがある。それがカマキリの腹から出てくるハリガネムシというものだということは、なんとなく知っていた。ゆっくり動く黒い糸が不気味で（指に巻きついてきたらどうしようみたいな恐怖感）、それまでさわることができないでいたのだが、そのときは、つもりにつもった少年の好奇心が勝ったのである。

つまみあげてみると〝糸〟は、その名のとおり針金のように硬く、表面がざらざらしていた。こいつは生き物なのか？　何を食べて生きているのか？　そんな疑問が次々にわいてきたのを憶えている。

さて、互いに絡み合ったハリガネムシはその後、どうするのか。絡み合って雌雄で交尾をするのだそうだ。そして雌が卵を産むのだ。孵化《ふか》した幼虫は、水中のカゲロウの幼虫やトビケラの幼虫に食べられるのだという。カゲロウの幼虫やトビケラの幼虫は、腹の中にハリガネムシのシスト化（膜に包まれた休眠状態）した幼虫を入れたまま変態して成虫になり、空中へとはばたいていく。

次に、カゲロウやトビケラの成虫は草原や木々の間を飛びまわり、運が悪い成虫は……カマキリに食べられるのだ。ということは、ハリガネムシもカゲロウやトビケラの体の中にはいったままカマキリの腸内に入っていき、そのようにしてハリガネムシの子どもは、親と同じくめでたく（？）カマキリの体内へ到着することができたわけだ。長いスリリングな旅だ。

ちなみに、NくんやOくんが行なった調査の一部は、ハリガネムシはどんな種類のカマキリに多く寄生しているかを調べることだった。

文献によれば、それぞれの地域で、カゲロウやトビケラなどをよく捕食する種類のカマキリ、つまり、草や木の比較的上のほうで待ち構えていて餌をとる種類のカマキリにハリガネムシは多く寄生する傾向があるだろうと書かれてあった。

そこでNくんやOくんは、実際に大学の構内や周辺の林を歩き、いろいろなカマキリを捕獲し、各々のカマキリが地上からどれくらいの高さのところにいたのかという情報とともに、カマキリの腹の中のハリガネムシの有無を調べていった。そして調査の結果わかったのは、次のようなことであった。

大学の周辺で見つかったカマキリは、オオカマキリ、チョウセンカマキリ、ハラビロカマキリ、コカマキリであったが、4種のうち、地上2m以上の高い場所にいることが最も多かったカマキリはハラビロカマキリで、次がチョウセンカマキリであった。オオカマキリとコカマキリについては、地面で見つかることが多く、有意な差はなかった。そして、体内にハリガネムシを寄生させた割合が多かった種類の順も、一番がハラビロカマキリ、次がチョウセンカマキリであった。

さて、カマキリを操るハリガネムシの生き方を、「へえー、そんな動物もいるのか」と感心したり（そんな人は少数かもしれない）、気味悪がったりして聞いてばかりもいられない。というのも、カマキリを操るハリガネムシのように、人間を操る寄生虫もたくさんいるからである。

中にはハリガネムシのように、寄生した宿主を入水自殺にまでは至らせないが、〝入水〟まで誘導する寄生虫もいる。その例からはじめよう。

人間を操る寄生虫

近年、その被害は減ってきたが（2005年のWHOの報告では、世界中で1万700件ほどとされている）、1985年には350万件が報告されていた。メジナ虫という寄生虫についてである。

メジナ虫は線形動物門という分類群に属し、成虫の長さは、5〜10センチである。

メジナ虫の幼虫は、熱帯地方の池や沼などの水場にいて、ミジンコに食べられることが多い。そして人間がその水場の水を飲み、ミジンコもいっしょに飲み込むと（ミジンコは水の表面にも浮いてくることが多く、人間が手ですくった水の中に紛れ込むこともしばしばあるのだという）、腸内でミジンコは分解されるのだが、メジナ虫の幼虫は分解されることなく生き残る。そして、その後、幼虫は人間の腸の壁を通って、医学用語では「腹腔」とよばれる内臓と内臓の間の空間に入り込む。

やがて幼虫は1年間ほどかけて成虫になり、異性を見つけて交尾した後、雌は産卵のために、

（宿主である人間の）足の皮下に移動する。そして皮下に到達した雌は、そこで酸を分泌し組織を溶かすのである。すると人間はやけどのような痛みを感じ、足を冷たい水に浸けたくなって水場に向かい、そこで足を浸ける。

雌メジナ虫は水を感じ取り、酸で溶かしてつくっておいた皮膚の穴から白い液を吐き出すのだが、その液体の中に何千という幼虫が入っている。こうして水中に広がった幼虫は……そう、ミジンコに食べられ、世代が一回りする。

酸で組織に痛覚をもたらし、その刺激が脳に伝わり、人間に〝足を水に浸ける〟という行動を起こさせるのであるから、ハリガネムシがカマキリの脳を操って水に入らせるのと本質的には同じことである。メジナ虫は、彼らの繁殖のために人間を操るのである。

人間を操る寄生虫の例をもう1つあげよう。

ギョウチュウである。

読者の方の中にも、子どものころ学校でギョウチュウ検査をしたり、ギョウチュウを殺す薬を飲んだ経験がおありの方もいるだろう。私もその1人である（だからこれからお話しする、ギョウチュウの人間の操り方が実によく理解できる）。

現在でもギョウチュウはしっかり人間と寄り添って生きており、たとえばアメリカの子どもでは、その約半数がギョウチュウに寄生されている割合になるという。

ギョウチュウは人間の大腸の中で栄養を取って成長し、異性と交尾し、卵をもった雌は夜になると、腸の出口、つまり肛門まで移動し、尻の穴の周辺の皮膚に卵を産みつける。そして、そのとき、皮膚の痛点を刺激してかゆみを感じさせるタンパク質も皮膚にくっつけていくという。

さて、ギョウチュウにそんな悪さをされた人物が朝起きて、最初にすること（厳密に言うと、目を開けることとか、腕を伸ばして起き上がるとかいうことになるかもしれないが）、それは、まだはっきりしない意識の中で、かゆい尻の穴の周りを掻くことである。

するとギョウチュウの卵は、まずその人物の爪の裏側に入り、その後、その人物がさわるものに次々と分布を広げていく。「おはよう」と言って、子どもの顔や体にさわるかもしれない。台所のコップにさわるかもしれない。やがて卵は高い確率で、家族の方々の大腸の中に入っていくだろう。そして、そこで卵は孵化し、栄養を取って成長し、異性と交尾し……後はこの繰り返しである。

ちなみに私は今でも、子どものころ朝起きて、かゆみを感じて掻いたのを憶えている。そのころ検査の結果は、「ギョウチュウ：陽性」であった。

もちろん、この話の中で最も重要な点は、雌のギョウチュウが、宿主の尻の穴の周辺の皮膚に卵とかゆみ物質をつけることである。それによって人間を操り、卵を爪の裏に移動させることである。

有益な寄生虫

さて、ここまでは宿主に被害を与える寄生虫のことばかり話してきたが、宿主の生存・繁殖に利益を与える、あるいは、それがいなければ宿主の生存・繁殖がなりたたないほど重要な寄生虫あるいは、それも含めた寄生生物もたくさんいる。

人間の場合を例にしていくつかお話ししてみよう。

成人の体内に棲みつく寄生生物の数は、人間を形作っている細胞の10倍くらい（人間の細胞よりずっと小さい細菌などの寄生生物がたくさんいるからである）、重さは1・5キロくらいに達すると推察されている。これらの寄生生物の大半は消化器官の中に棲んでいるのだが、大腸内のある種の細菌は、人間が食べたものを分解して、そのとき生じるエネルギーの大部分を人間に提供してくれている。また別の細菌は、有害な細菌から人間の身体を守ってくれている。抗生物質を服用したときお腹の調子が悪くなる場合があるのは、人間を助けてくれる腸内細菌が死んでしまうからだと考えられている。

人間が食べたものを分解してエネルギーをつくる作用については、腸内細菌の場合は、あくまで〝差し入れ〟あるいは〝おやつ〟程度であるが、ある寄生生物の場合は、いわば〝主食〟をつくってくれている。その寄生生物とはミトコンドリアである。そして、このミトコンドリアが寄生するのは、われわれの消化器官の中ではない。もっともっと深くわれわれの体の中に入り込んでいる。つまり、われわれの身体をつくる細胞の中である。

ミトコンドリアと言えば、読者の方は中学校や高校で細胞を構成する一要素、つまり細胞の一部として習ったことを思い出されるかもしれない。一方、現代の生物学が描き出すミトコンドリアの正体は以下のようなものである。

人間が地球上に現れるずっとずっと前（数十億年前）、まだ単細胞の生物しか存在しなかったとき、ミトコンドリアの祖先（それも単細胞生物だった）は、別の大きな単細胞生物の体内に入り込み（つまり寄生し）、そのまま中にい続けるようになった。そうしてできた、ミトコンドリアを含む単細胞生物から、その後さまざまな多細胞生物が生まれ、その中の1つが人間だった、というわけである。つまり、現在われわれ人間の（ほぼ）すべての細胞内に存在するミトコンドリアは、一生涯を細胞の中で過ごす寄生生物なのである。

もちろん、ミトコンドリア（の祖先）が細胞に寄生しはじめたころから、人間が進化的に誕生するまでの数十億年の間に、ミトコンドリアと宿主の細胞との間でさまざまな変化が起こっている。その結果、ミトコンドリアと宿主とは、互いの生存・繁殖になくてはならない存在になってきた。

　たとえばミトコンドリアは今でも、宿主の細胞の遺伝子（つまり人間の遺伝子であり、それは細胞の核と呼ばれる場所の中に入っている）とは異なった、ミトコンドリア自身の遺伝子を、自分の中（つまりミトコンドリア自身の中）にもっている。しかし、もともとはミトコンドリアの中にあったと考えられている遺伝子の多くを、人間の細胞の核の中の人間の遺伝子の間に移してしまっている。ちなみに、ミトコンドリアは宿主の細胞の中で勝手に細胞分裂をして増殖し、卵子の中に入って宿主（人間）の子どもの細胞へ乗り移っていくのである。

　そしてこのミトコンドリアがつくりだすエネルギーが、人間が動いたり考えたり体温を維持したり……といった生命活動を営む主な原動力なのである。その原動力としてのエネルギーは、アデノシン三リン酸（ＡＴＰ）を代表とする分子として、ミトコンドリアが合成してくれている。

遺伝子に操られているヒト

　さて、ここからは（これまでの話を受けて）、話題は「人間とは何か」という問題の本質にぐっと入り込んでいきたいと思う。そう、「人間の遺伝子も本質的には、人間を操る寄生虫である」という話に、である。

それは、かの有名なR・ドーキンス氏の「利己的遺伝子説」でもある。

そもそも、人間の体の構造や器官の働き、そして脳という器官が作り出す働きとしての〝行動〟や〝感情〟〝思考のパターンやその限界〟を大枠で決めているのは、遺伝子である。それは、心臓が主に心筋細胞から構成され、右心房に入った血液が左心室から押し出されるといった働きを設計しているのも、大元をたどれば遺伝子であるのと同じことである。神経細胞から構成され、延髄、小脳、中脳、間脳、大脳における神経の配線やそれに規定されて生み出される〝行動〟や〝感情〟〝思考〟といった働きを設計しているのも元をたどれば遺伝子である。もちろん〝行動〟や〝感情〟〝思考〟の細部には必ず学習が関与している。しかし、その大枠を決めているのは遺伝子である。人間の脳の構造や働きと、アブラコウモリの脳の構造や働きが異なるのはなぜか考えてみればよいと思う。

もちろんハリガネムシやメジナ虫、ギョウチュウの体や、その行動を生み出す脳の神経構造を大枠で決めているのも、それぞれの生物の中に存在する遺伝子である。

ちなみに、遺伝子の実体はDNA（デオキシリボ核酸）と呼ばれるありふれた物質である。そして、DNAの構成要素である塩基（アデニン、チミン、グアニン、シトシンという4種類が存在する）がDNAの中で列になって並んでいるのであるが、塩基3つの並び（たとえばアデニン・チミン・アデニンといったような）が1つのアミノ酸の暗号になっていることが20世紀の後半になって明らかになった。

遺伝子というのはＤＮＡの中の、〝ある場所からある場所までの塩基の配列〟と考えてもよい。たとえば、その〝ある場所からある場所までの塩基の配列〟が、３０００個の塩基のつながりだとしたら、その〝ある場所からある場所までの塩基の配列〟からは、アミノ酸が１０００個つながりあったタンパク質が作られることになる。もし、そのタンパク質が、血液型をＢ型にするタンパク質だったとすると（実際、血液型を決めるのは赤血球の表面に突き出しているタンパク質の種類である）、その〝ある場所からある場所までの塩基の配列〟は、〝血液型をＢ型にする遺伝子〟と呼ばれることになる。

ここで、われわれの親のその親のまたその親の……といった具合に、ずっとずっと遡ってみよう。生命体は30億年とも言われる生命の歴史の中で、どこかで急に現れることはなく、必ず親から生み出されているはずである（最初に誕生した生命体以外は）。

生命体はすべて、親から遺伝子を受け継ぐ。いま仮に数十億年遡って、やがて人間の遺伝子になる1つの遺伝子に出合ったとすると、たぶんその遺伝子は単細胞生物の中にあるだろう。つまり、その遺伝子は（他のたくさんの遺伝子とつながって）、細胞の膜や内容物などの設計図となり、自分たちのいわば乗り物としての細胞をつくり、その中に存在しているだろう、というわけである。場所は、そのころ地球全体を被っていた原始の海の中である。

遺伝子は、細胞が分裂するために必要な酵素（タンパク質）の設計図も備えており、細胞の分裂の前には、自分（遺伝子）自身も複製して増え、分裂した細胞に入っていった。つまり乗り物としての細胞をつくり、それを運転して、自分（遺伝子）自身を増やしていたのである（付け加えておくと、細胞に入っていったそれらの遺伝子たちをさらに数十億年遡ると、その祖先に当たる遺伝子たちは、細胞に包まれることなく、むき出しの状態で、原始の海の中を漂っていたと考えられている）。

もちろん、遺伝子もけっして楽ではない。自分たちがつくった乗り物がうまく餌の獲得や増殖をやってくれるものでなければ、自分も増えることができなくなる。あるいは、他の遺伝子たちがつくった別の乗り物との競争に負け、やがては乗り物もろとも絶滅してしまうだろう。

「他の遺伝子たちがつくった別の乗り物との競争」とは、たとえば次のようなものである。

分裂する（つまり増殖する）ために新しい細胞をつくるときに必要になる材料（主にアミノ酸）は、周囲に無限にあったわけではないだろう。原始の海にただよう材料を、やはり細胞をつくろうとする他の遺伝子たちと取り合わなければならないのである。その〝材料の取り合い〟が上手い細胞を設計した遺伝子たちは、細胞の分裂とともにより多く増えていけるだろうし、〝材料の取り合い〟で劣る細胞を設計した遺伝子たちは増えることができず、やがて寿命がきて滅んだかもしれない。そして、その細胞の〝材料の取り合い〟の能力を決めるのは、遺伝子、つまり塩基の配列の内容である。塩基の配列が異なれば（つまり遺伝子が異なれば）、できてくるタンパク質が異なり、それが乗り物である細胞の細部に違いをもたらし、〝材料の取り合い〟の能力の差をもたらすのである。

場合によっては、ある遺伝子たちは、他の遺伝子たちがつくった細胞を分解する酵素のような物質をつくり、他の遺伝子の乗り物である細胞を分解したかもしれない。そうすると細胞の材料ができ、それを使って自分たちの乗り物（細胞）をつくることができるのである。

その後、遺伝子は数十億年の間に、内部の塩基配列が変化して設計図の内容が変わり、多細胞生物をも作りだした。そのような〝遺伝子の変化〟（塩基配列の変化）により生じた、さまざまな生物の設計図の一つが人間の遺伝子だというわけである。

では、数十億年の間の〝遺伝子の変化〟を引き起こしたのは何だったのか。それは、太陽光に含まれる紫外線による塩基への作用（その場所から塩基を弾き飛ばす等）であったり、塩基に類似した分子（それが塩基の場所に入り込んで塩基配列を変える）であったりするのだが、その他にも、近年になって「ウイルスなどによる、別の生物の遺伝子の入れ込み」が知られてきた。つまり、たとえばある動物に感染する（一種の寄生である）ウイルスの場合、その感染によってウイルスの遺伝子が、その動物の遺伝子に入り込み、それまでのその動物の遺伝子に、新たな塩基配列を付け加えるのである。

そして、このようにして塩基配列が変化した遺伝子が、もしそれが、その動物（という遺伝子の乗り物）の餌取りや繁殖などに有利な形質をもたらすことになれば、動物の繁殖とともに、子どもという新しい乗り物の中に入って増えていくだろう。


先にミトコンドリアのお話をしたが、ミトコンドリアはウイルスではないが、動物に寄生して細胞の中で、その動物が使えるエネルギーをたくさん、効率的につくってくれるという点で、まさに寄生した動物の餌取りや繁殖などに有利な形質をもたらしている事例なのである。さらにミトコンドリアの例は、寄生生物であるミトコンドリアの遺伝子（の一部）が、寄生主である動物の遺伝子の中に入り込んでいる、まさにその途中の場面を見せてくれているのである。

生命が誕生してから、その末裔としての人間という動物が地球上に誕生するまでの数十億年の間、人間の祖先にあたる動物には、ミトコンドリアのような生物やウイルスのような生物など、さまざまな生物が寄生虫として遺伝子を付け加えてきたことだろう。そして、もし付け加えられたことによって、動物に生存や繁殖に有利な変化がもたらされた場合（多くの場合、形態にも何らかの変化が現れただろう）、その動物は生き残っていっただろう（不利な変化がもたらされた場合は、その動物は滅んでいっただろう）。それが自然淘汰による進化である。

だとすると、次のような言い方はできないだろうか。

「人間の遺伝子も本質的には、人間を操る寄生虫である」

つまり人間の遺伝子の多くは、他の生物が寄生したとき入ってきた遺伝子の末裔である。その遺伝子たちは、設計図としてタンパク質をつくり、それによって人間という乗り物をつくり、さらにそれをうまく操り、最後は子どもという新しい乗り物をつくらせ、それに移って増えていく、というわけである。

たとえば、「人間に恋愛感情を生じさせる脳の神経回路を設計する遺伝子」について考えてみよう。

恋愛というのは、人間の男女が異性に対して、番《つがい》のパートナーとしての魅力を強く感じる現象をいう。なぜそのような感情が生じるのかは、脳の構造、働きに原因を求めるのが合理的であろう。つまり、魅力的な形質（容姿や性格など）を感受した脳のある領域が、その個体に対して「番のパートナーとしての魅力」の感情を発生させるのである。

そういう認知や感情の発生を担う神経回路を設計する遺伝子（この遺伝子はまだ特定はされていないが、確実に存在するはずだ。でなければ、地球上の殆どの人間が人生のいくつかの時期にいくつかの場面で恋愛感情を抱く、という事実は説明できない）は、人間という乗り物が番をつくり、子どもを残すことを促進し、その子どもに精子や卵を媒介にして移っていく。

まさに「人間という乗り物をつくり、それをうまく操り、最後は子どもという新しい乗り物をつくらせ、それに移って増えていく」というわけである。

ところで、話をもっと突き詰めていくと、実は「人間という乗り物の遺伝子は、人間の生存や繁殖に不利になると思えるようなメジナ虫やギョウチュウの遺伝子とも、本質的には同じである」ことに気づいてくるのである。人間という乗り物を操る時期や期間の長さ、あるいは人間という乗り物から脱出する時期や方法にこそ差はあれ、どちらも（人間という乗り物の遺伝子も、メジナ虫やギョウチュウの遺伝子も）結局、人間という乗り物を操って、自分（遺伝子）を増やすのであるから。

個体としての「自分」って何？

メジナ虫やギョウチュウの遺伝子が人間に寄生して、組織を溶かす酸（メジナ虫の遺伝子の場合）やかゆみを感じさせるタンパク質（ギョウチュウの遺伝子の場合）をつくらせ、子ども（その中に自分たち、つまり遺伝子たちのコピーが入っている）が拡散しやすいように人間に行動させる。これは先に述べたとおりである。

一方、人間の遺伝子の場合はどうだろうか。

たとえば、人間にヘモクロマトーシスという一種の病気を引き起こす遺伝子を考えてみよう。

この遺伝子は、世界中の人間の10％以上がもっていると考えられている〝人間の遺伝子〟である。

ヘモクロマトーシスという病気は、個体に鉄分の過剰な吸収をさせ、その結果、沈着した鉄分が肝臓や心臓などの機能を低下させる。そして個体を中年期まで生きさせ、その後、死亡させることが多いという。

ではなぜ、このような遺伝子が人間の遺伝子として存在しているのだろうか。それに対する有力な理由は以下のようなものである。

ヘモクロマトーシス遺伝子（ヘモクロマトーシスは、HFE遺伝子が突然変異を起こした突然変異型HFE遺伝子によって引き起こされることが知られている。ここではその遺伝子をヘモクロマトーシス遺伝子とよぶことにする）による「肝臓や心臓などの機能低下」という作用が発現するのは、個体が繁殖期を迎えてから大分経過した後（中年期）だから。つまり、ヘモクロマトーシス遺伝子は、個体が死亡する前に、その個体から脱出して新しい個体（子ども）へ移るからである。親という個体から子どもという個体へと移っていくヘモクロマトーシス遺伝子は滅びることはないのである。

もう少し推察を深めよう。

ヘモクロマトーシス遺伝子は、「肝臓や心臓などの機能低下」という作用のほかに、人類の長い歴史の中で、個体を苦しめてきた鉄分の不足やさまざまな伝染病に対して、個体を守る作用も併せ持ってきたためではないだろうか（実際、そのような効果は医学的に確認されている）。

人間にとって鉄は、体内の代謝機能に欠かせない物質である。酸素を運ぶヘモグロビンにも、体内の毒を中和したり糖をエネルギーに変えたりする酵素にも鉄は含まれる。女性の場合は月経時に、血液とともに大量の鉄を失う。

ところが一方で、人類が生き抜いてきた環境の中では、しばしば鉄分は欠乏する要素であったらしく、現在でも鉄の摂取が少なくて貧血症になる人は少なくない。

従って、少なくとも個体が繁殖期まで健康に成長するまでの間には、ヘモクロマトーシス遺伝子によって鉄が必要以上に過剰に体に蓄積することはなく、むしろ体内に必要な範囲内で取り込みが促進される。ところが、繁殖期のピークを過ぎて中年頃までになると、蓄積した鉄分が「肝臓や心臓などの機能低下」といった作用をおよぼすような量に達してしまう。

もしこの推察が正しいとすれば、10％以上の人間の中に存在し続けるヘモクロマトーシス遺伝子は、人間という乗り物を利用し、その乗り物（宿主）が老化して滅びる前に卵や精子の中に入って脱出するわけであり、メジナ虫の遺伝子と本質的には変わりない。

メジナ虫の遺伝子は、人間の足の組織を溶かす物質をつくって足に穴をあけ、人間がその痛さゆえに水中に足をつけたとき、幼虫の体の中に入って脱出する。両者は時期とやり方こそ違え、ある期間、人間を操って人間から脱出して、自分のコピーを増やしているのである。もちろん「人間に恋愛感情を生じさせる脳の神経回路を設計する遺伝子」もそうである。

さて、このように考えると、日常的にわれわれが感じている個体としての〝自分〟が、かなり違った存在に思えてくるのではないだろうか。

8　今も残る狩猟採集時代の反応

私が子どものころの思い出のなかで、あざやかに浮かんでくるもののひとつに「夜《よ》ぶり」がある。

夜ぶりというのは、夜に行う魚捕りのことである。網とヤス（先が櫛の歯のように割れた、小型の銛）、アセチレンのガス灯をもって、夜の10時くらいから川に入り、魚をねらって川上へと歩いてのぼるのである。

夜には魚も動きが鈍くなっており、水中の魚をガス灯の光で見つけ、網ですくったり、ヤスで突く。

夜の川でガス灯に照らされる魚は白っぽく、水のフィルターを通して少しゆがんで見える。水の流れが緩やかな場所ではくっきりと、流れが速いところでは切れ切れに、魚の輪郭がゆらめく。

少年は素早く魚の種類を判断してその動きを予想し、同時に川底の状態などを見て、網ですくうかヤスで突くか決める。おそらく一瞬息を止めるだろう。心臓が1回どくんと打つと、勝負は決まる。

少年は、幼いころから父や兄たちに混じって鍛えられてきた。もう小物は狙わない。どんなところにどんな種類の大物がいるかも大体知っていた。そういった場所に出合うと、予想する魚を思い描いて集中する。魚が見つかると大きく息を飲む。それぞれの魚がもつ動きのパターンにリズムを合わせ漁具を放つと、あばれる魚の動きが腕に伝わり、緊張が歓喜に変わる。

静寂と暗闇の中――。燃えるアセチレンのニオイ、火に飛び込んだ虫がジュッと燃える音、魚を貫いて川底の砂に突き刺さるヤスの感触、魚が網の底で跳ねる振動、姿の見えない兄たちとの声のやり取り。そんな濃厚な時間は、朝の2時、3時ころまで続き、終了を告げる父の声が闇に響く。

そんな夜ぶりのなかで、私の五感が特に鮮明に覚えている場面が幾つかある。

幅の狭いコンクリートの水路で、ウナギをヤスで突いた瞬間とか、(水中の魚ではなく)岸から突然飛び立った鳥を網でキャッチした瞬間である。

ウナギとの遭遇は、本流を離れ、幅数メートルの3面がコンクリートで固められた水路に入ったときであった。前方の水底を、かなり大きくて長いものが体をくねらせながらこちらに近づいてくるではないか。

少年は全身に緊張が走るのを感じた。恐怖を感じて水から上がろうとした。そう、私の脳はその姿を見て、〝ヘビ〟を感じたのである。しかしその直後に別の考えが浮かんできた。「あれはヘビではない。ウナギだ！」

水底がコンクリートであることを考えると、漁具は網だ。でもとっさに少年はヤスを選んだ。網が水中でつくる波をそのウナギは敏感に感じ取り、簡単に避けてしまうに違いないと思った。おそらくその予想は全く正しかった。分は悪いが、不意打ちの攻撃にかけるしかないと判断したのだ。見る見るその動物は近づいてくる。チャンスは一瞬しかなかった。波間に切れ切れに見えるその体の頭部めがけて、ヤスを振り下ろした。ヤスの先から、激しくあばれるウナギの振動が伝わってきた。その振動から、ヤスは頭の中心ではなく、皮1枚のところでかろうじて刺さっていることがわかった。すぐに首のタオルをとって（ウナギの体はぬるぬるしていて、素手ではつかめないことを少年は知っていたのだ）、タオルでウナギの首を押さえつけ、その上から手でつかんだ。見事な対処である。ヤスを抜いて、再度頭部にとどめを放った。

鳥を網でキャッチしたのは、魚たちと一戦を交えて次の狩場へと移動する途中だった。夜ぶりは淵（川が深くなっているよどみ）では無理だ。そんな場所にくると陸に上がり、岸伝いに浅くなる場所まで歩くのだ。

岸を歩いているときだった。魚との格闘で少年の目と心は日常より数段研ぎ澄まされていた。

突然、岸に生えている低い木から何かが飛び立った。少年の体はとっさに動いた。動いて、その動物めがけて網が振られた。次の瞬間、網の一点に何かが勢いよく突き刺さる感覚が腕に伝わった。すかさず網を地面に伏せると、脚が網の目に絡まってもがいている鳥がそこにいた。すぐそばにいた兄が驚いて何か言ったのを覚えている（そりゃ、驚くわなー）。

結構大きな鳥だった。でも私にはその種類が分からなかった。背後で父が、シギの仲間だろうと言った。そのとき私の頭には、「シギ」という名前とその特徴が深く刻み付けられた。

獲物に近づく感覚

なぜ私は夜ぶりのなかで体験した出来事を、ことさら鮮明に覚えているのだろうか。川の場所も、川のなかの魚がたくさん取れたスポットも、魚ごとの動き方も、ガス灯や網やヤスなどの道具の使い方も、川のなかの歩き方も。そして私は今でも、時に夜ぶりの感触が不意に浮かんでくる。それを体全体で感じ、脳のなかだけで夜ぶりをすることがある。渓流の女王アマゴが、水底を白い背中を揺らめかせながらただよい、脳のなかではその動きに合わせてリズムが回りはじめる。腕を振るタイミングに集中する。

私は今、生物学を仕事にしているので、「狩り」という行為が「調査」という行為に形を変えて、動物（最近はニホンモモンガやアカハライモリ、ナガレホトケドジョウ）を追う。そのなかの一場面で体験するのは、子どもの頃の夜ぶりの感覚と似ている。子どもの頃の夜ぶりの体験ほどには強烈ではないが。

おそらく私の脳のなかには、いや、ヒトの脳の中には、「生物の形態や習性に特に強い興味をもったり、新しい種類をそれまでの自分の分類体系のなかに位置づけて覚えたり、生物の特性に基づいて捕獲や育種、採集をしたりする」欲求の回路が備わっているのだ。それが狩猟採集時代には、生存・繁殖にとってなくてはならない行動や心理、知識の蓄積を生み出したのだ。

現代において、「モンスターハンター」や「お庭造り」といったゲームが人気になっている理由はよくわかる。それは生物の習性を理解し、その知識を基に捕獲や育種をする内容だからである。北海道の旭山動物園が人気を回復した主要な理由が、動物の生態展示であったことも、現在でも保持されている狩猟採集生活時代の脳内回路と無関係ではないだろう。

そんな直接的な行動ではなくても、瓶の蓋からディズニーキャラクターまで、さまざまな擬似生物をターゲットにした収集・分類にひかれる気持ちや、得点（ゴール）の獲得を目指して競い合うスポーツに熱狂する性質もよくわかる。

現代の多くの職種に見られる、情報や契約などの獲得を目指して、さまざまな手がかりを読みとりながら〝獲物〟に近づいていく感覚は、現代版の狩猟採集なのかもしれない。

ヒトは因果関係にこだわる

場面変わって、やはり夜だったが、私は東京・赤坂のあるビルの前にいた。ＴＢＳラジオのある番組に出演したあと、収録が終わって局のビルを出たのだ。そしてそのビルのすぐそばに、なんとも場にそぐわないものを見つけた。

赤い鳥居でその場所の存在を緊張感を沸き立たせて宣言し、そこを入ると、肉食動物であるキツネが、決してにこやかではない顔をして両側に静かに座っている。

小さいながら立派な神社である【図6】。

周りはビルが立ち並ぶ（おそらく地価も半端ではなく高い）一画である。そんなところにどうして神社が残されているのだろうか。

このような、〝都市のど真ん中や近代的なビルの屋上に大事に残される神社〟は、日本各地の人間社会のなかでしばしば見られるものである。

キツネはコマイヌに変わったり、肉食のシャチが屋根に載っていたり、と多少のバリエーションはあるものの、コンセプトは普遍である。小さな神社では鳥居はたいてい赤だ。脳が「血の色」と認知して緊張感を高めると考えられている「赤」である。

【図6】 都会のど真ん中にあった神社。近代的なビル街になぜ鳥居は残っているのか。

私は思うのである。ホモサピエンスがもつ他の動物にはない特性の1つは、因果関係という情報処理に強くこだわる性質である。一方でわれわれホモサピエンスは、地球上に新種として誕生してからの20万年、その99％を草原や林、水辺で狩猟採集生活者として生きてきた。

大自然の中での狩猟採集生活には、外界の事物・事象の因果関係を追究することは重要なことであった。

この草食動物は春になると、そこに開花する植物の花を求めて湿地に移動してくる。この石は硬くて層状に割れやすいので、岩にぶつけて破片を細工すると、植物の根を掘り出す良い道具になる。あの種類の雲が広がったら、そのあとは激しい雨と風がやってくる……。

そして、これらの因果関係の推察の中には、再現性が高く、その後の生活に実質的に大いに役立ったものもあれば、単なる事後の解釈以上にはなりえないものもあっただろう。たとえば雨の日に雷が落ちたり、夜、居住地が正体不明の動物に襲われたり、伝染性の病気によって部族の人間が死んだとしよう。人々は、その出来事の背後にある因果関係を考えただろう。ある人は天を支配する大いなる力を備えた神を、ある人は森の主としての精霊を、ある人は風とともに移動する強大で邪悪な魂を、それらの出来事の原因として想像したかもしれない。いわゆるアニミズムである。

実際、人類学者が長年のフィールドワークによって蓄積した知見では、世界中の狩猟採集民の社会で、これらの想像によく似た言い伝えがたくさん存在している。

極北の民イヌイット族の言い伝えでは、「村で起こる不幸の原因は、海の神々の怒りであり、努力を重ねたシャーマンこそが瞑想の中で海の底に達し、不幸の原因になっている海の神々の怒りを鎮めることができる」と考えられている。

アフリカのアカ・ピグミーでは、村人に危害を加える存在として、暴力性と攻撃性を有した〝ジェンギ〟と呼ばれる森の精霊が語られている。

日本のアイヌの言い伝えの中には、沼や湿地の中にはさまざまな種類の悪魔が潜んでいて、人間を悪人にしたり病気にしたりするという話がある。例をあげれば切りがない。

このような想像、そしてそれが言葉として形になった部族の「言い伝え」の一部は、部族の人々に、危険の可能性がある状況では慎重に振る舞おうとする思いを維持させ、生存や繁殖に有利に働いた場合があったに違いない。たとえば（今では、科学の発達とともにより洗練された因果関係的知見としての）空気感染するウイルスによる病気の場合、「風とともに移動する強大で邪悪な魂」と認識して住居から外に出ないでいることは、結果的に感染の回避につながっただろう。

さて「神社」にもどろう。

ヒトの脳に、外界の事物・事象について因果関係を求める特性があることは、生存・繁殖に有利である。考えて到達した因果関係が高い再現性を持つときは（つまり、その因果関係がかなり正しいときは）、危険からうまく逃れることができ、食物を得る確率が高くなる。

ただし、月と太陽とが重なって起こる皆既日食といった、対象とする事物・事象の構造が複雑な場合は、少なくとも狩猟採集時代の人々は、再現性が高い因果関係に思い至ることはできない。でも脳は因果関係を求めて作動し、「天を支配する大いなる力を備えた神」や「森の主としての精霊」や「風とともに移動する強大で邪悪な魂」を、それらの出来事の原因としてまつりあげ、その場の疑問への答えとする。

また、さらに因果関係の推察は伸びていき、「大きな力をもつ神とか精霊とか魂に、庇護を求めたり怒りを収めてもらえば、それらの災いは去るかもしれない」と考える。そう考えることは充分ありうることだ。そして、その心理が宗教的な「大きな力をもつ存在の意思が外界の変化を決める」という認識や「大きな力をもつ存在の求めに応じ、庇護を求めよう」という認識を生み出すことも充分にありうることだ。

やっと「神社」に到達した。

日本では「神社」であるが、世界中のたいていの国や地方に「神社」に当たるものがあり（タイやインドの寺院や欧米の教会など）、狩猟採集を行う部族にも、精霊が宿る巨木や巨石がある（北米大陸のトーテムポールなどもその一例だろう）。その場では人々は緊張し、畏敬の念をもち、謙虚で服従の気持ちになる。頭を下げたり、供え物をする場合もある。

「神社」に、そういった気持ちに沿うような、緊張の赤、怖い存在である肉食動物が置かれたのもよく理解できる。

そう、現代でもわれわれホモサピエンスの脳内には、どんなに科学が進展しても説明できない現象を、〝大きな力〟をもつ存在の所為にする心理が維持されているのだ。

そんな脳には、ビルを建てるからといって、それまでそこにあった神社を取り壊してしまうような行為はできない。脳の深い場所の回路が、〝大きな力〟をもつ存在を怖れるからである。不幸がもたらされ、幸運が踏みつぶされる不安に駆られるからである。

ここでもまた、「現代人の心は今でも狩猟採集時代の世界をさまよっている」のだ。

不安感情と生存

さて、〝不安〟の話はまだ続く。

読者の方は、「威嚇顔検知優先性」というヒトの心理特性をご存知だろうか。

ヒトは、「喜怒哀楽、さまざまな表情の顔が並んだ状況の中で、怒った顔を最も早く認知しやすい」というものだ。異なった幾つかの国の人々で、写真や絵などを使った実験が行われ、人間に普遍的に存在する特性と考えられている。

「怒った顔」というのは自分に対しての攻撃性を示す、つまり威嚇的な表情の顔ということであるが、このような認知特性の存在意義は、動物行動学的視点からは容易に説明できる。以下のとおりである。

自分の生存・繁殖を脅かす危険性のある対象には、多少とも過敏に反応する（脳が反応してしまう）個体のほうを（そうではない個体よりも）、自然淘汰は結果的に残しやすい。

アメリカの生物学者L・デュガトキン氏は、鑑賞魚としても広く飼われているグッピーを、かれらが肉食魚と出合ったときの反応によって、「臆病（すぐ隠れる）」「普通（泳いで去る）」「大胆（天敵の様子をのぞきにいく）」の3タイプに分け、捕食魚存在下での生存率を比較した。それぞれのタイプのグッピーたちを、コクチバスを飼育している自然界に似せた水槽に入れて放置し、60時間後、どのタイプのグッピーがどれほど残っているかを調べたのだ。その結果、「大胆」なグッピーは1匹も残らず、「普通」なグッピーは15％残り、「臆病」なグッピーは40％が残った。

もちろんグッピーとヒトとでは、種としての生物学的特性や生息環境、社会性など大きく異なるので同一には解釈できない。しかし、危険な対象に対する反応と進化（主に自然淘汰）の関係の一端を、その結果から推察することはできる。

多くの研究者が指摘するように、人類史の数百万年の大部分では、ヒトは狩りをする動物であると同時に狩られる動物でもあった。つまり捕食者であると同時に、被食者として危険が多く潜む自然の中で生きてきた。

近代（人類史のなかでは一瞬のさらに一瞬）になってからも、被食者としてのホモサピエンスの姿は、さまざまな現実の形になってあらわれている。たとえば植民地時代のインドでは、1年に1万5000人以上の人がトラに食べられていた。またアフリカでは、タンザニアだけで、1990年から2004年の間に、563人がライオンに殺されたという記録が残っている。

ヘビの被害も世界各地で報告されている。インドでは、現在でも年間25万人以上の人々が毒へビに咬まれ、少なくとも4万6000人の人が死んでいるという。アフリカのベナン共和国（人口1032万人、2013年）では、7年間に3万人以上が毒ヘビに咬まれ、4500人が死亡したという。

近代あるいは現代においてそうなのだから、（ホモサピエンスの本来の生活環境と言える）狩猟採集時代の被害はかなり大きかったに違いない。

もちろん狩猟採集時代には、死亡につながる事故として、被食以外にもさまざまな危険があっただろう。その著作によって世界的に有名なアメリカの鳥類学者であり人類学者でもあるJ・ダイアモンド氏は、『昨日までの世界』（上・下巻、倉骨彰訳、日本経済新聞出版社）の中で、現在でも狩猟採集を行っているアチェ族（パラグアイ）、クン族（アフリカ南部）、アカ・ピグミー族（中央アフリカ）などにおける事故による死傷のおもな原因をあげている。それによると、これらの自然民に共通してあげられている原因として、「毒ヘビ」「猛獣」「落雷」「倒木」「樹上からの落下」「溺死」などがある。

ちなみに、現代人の精神症のなかで特定恐怖症という症状が知られているが、その対象になりやすいのは、先進国でも発展途上国でも共通して、「猛獣」「ヘビ」「クモ」「高所」「水流」「落雷」「閉所」である。現在の先進国では、疾患・自然死以外の死亡の原因は「自動車」や「刃物」「電気」「銃」であるのに、それらが特定恐怖症の対象になることは極めてまれなのだ。

「威嚇顔検知優先性」を生み出す神経回路（威嚇顔を優先的に検知する脳内の神経回路）と同様に、「さまざまな動物や植物の中からヘビを優先的に検知する」神経回路の存在を示す研究も増えている。

狩猟採集時代に死亡の原因になりやすかったと推察されるものが、特定恐怖症の対象になりやすいということは、何を意味するのだろうか。そう、現代人の脳は、狩猟採集時代に適応した状態を今も保っているということではないだろうか。

J・ダイアモンド氏以上に世界的に著名なイギリスの生物学者、R・ドーキンス氏は、『ドーキンス博士が教える「世界の秘密」』（大田直子訳、早川書房）の中で、ヒトが過度に不安を感じる特性の意味を、マーフィーの法則を例にして説明している。

マーフィーの法則というのは、「悪いことは単なる偶然で起こる確率以上に頻繁に起こる」といった内容を表現している。たとえば、「マーマレイドを塗ったトーストを床に落とすと、必ず、マーマレイドが下になる」とか、「曇りの日、大丈夫だろうと雨具を携帯しなかったときに限って雨が降る」とか。

それは、〝良くないことを実際以上に起こりやすく感じる不安心理傾向〟をうまく表現した言葉である。実際ヒトは日常生活の中で、平穏な日が続くとやがてとても悪いことが突然起こる、と心配になったり、「自分は必ずうまくいく」とか「ポジティブ思考」という言葉を自分に言い聞かせなければならないくらい、基本的には不安を感じる動物なのだろう。それを反映してか、英語（他の言語は調べられていない）では、ネガティブ感情を表現する言葉のほうが、ポジティブな感情を表現する言葉よりも2倍以上多いという研究結果がある。

ドーキンス氏は、次のように続ける。

たとえば、ヒトが森の中で、前方の草むらからカサカサという音が聞こえたり、黒い影が木と木の間を移動したように見えたとしよう。そのとき、悪い状況を想定して不安になり、すぐ逃げられるような準備をする個体のほうが、はっきりと対象を確認できるまで不安を感じない個体より、結局は生き残りやすいのだ。長い時間の下では、自然淘汰は前者のような個体を残していくのだ。

つまり、なんとなくマーフィーの法則を感じてしまうような現代人の脳の特性は、狩猟採集時代において適応的だったから存在するというわけだ。

ちなみに、不安感情を生み出す主要な神経系は、大脳基底核に位置する扁桃体にあることが知られている。そして感覚器から入った情報は、2つの経路で扁桃体まで達することも知られている。

たとえば、眼から入った〝危険〟の可能性を含む信号は、視床とよばれる場所まで運ばれ、そこから直接、扁桃体へと運ばれる。これが1つの経路。もう1つの経路では、視床からいったん大脳へ送られ、大脳を経由して扁桃体に運ばれる。

とりあえず、前者のショートカットの経路で危険の可能性を知らせておき、後で大脳を経由させた、つまり信号の内容を吟味した経路により、「やっぱり本当に危険な○×だった。逃げろ！」とか、「警戒させたけど、実は間違っていて無害な△□だった。安心していいよ」と伝えるのである。

冒頭の〝夜ぶり〟の話のなかで、私が水路の底をこちらに近づいてくる長いものを見たとき、まさにこのことが起こった。

私の脳は、まず視床→扁桃体のショートカット経路が働いて「ヘビか⁉」と恐怖を感じさせ（そして水路から出ようと準備した）、その後、大脳経由の経路が働き、扁桃体に「いや、ヘビじゃない。ウナギだ」と伝えたのである。

再び私は思うのだ。

大脳、中脳、間脳、小脳、延髄からなる脳の大まかな構造、そしてそれぞれの部位のなかの神経の大まかな配線は、基本的に遺伝子が決めている（だからこそヒトは互いに、外界について、大きくは食い違わない認知をし、かみ合った話をすることができるのだ）。その遺伝子は、狩猟採集時代からほとんど変化していないことも、ＤＮＡの分析から示されている。つまり、さまざまな面で我々は、まだ狩猟採集の世界に適応した脳で外界に反応しながら生きているのだ、と。だから仕事も含めた日常生活の中で、何かと不安になりやすい〝自分〟は、当たり前のことなのだ、と。それでけっこうなのだ、と。

おわりに――目隠しをして象に触れる

私は本書で、ヒトという個体は、「遺伝子という寄生体の連合がつくった乗り物」、それゆえの「乗り物のパーツとしての脳の仕様、クセ、限界を持つ」といったことを書きたいと思った。体系的ではなく、1つ1つの読みきり風の章の中に、そのアイデアを込めて。

そして書き進めているうちに、私が問題としていることが、よりはっきりしてくるような思いになった。書きはじめたときに感じていたテーマが、より具体的になったとでも言えばよいのだろうか。

「脳は〝進化の産物〟、つまり〝遺伝子をうまく増やす乗り物だけが遺伝子とともに世代を継続して存在し続けるという当たり前の出来事（それが進化）の結果できあがった部品〟」、そして「われわれが外界を把握するときにフル回転する脳の仕様、クセ、限界」というテーマである。

同時に、この2つのテーマは私のなかでは1つのセットとして、さまざまな認知に関する問題を考える道しるべのようにも感じられてきた。

たとえば、現代科学における重要な問題と考えられている次の2つの問いに、2つのテーマが深く関係していると思うのである。

「意識とは何か?」、そして「数学はなぜ世界を（かなり）うまく、首尾一貫して説明できるのか?」。

本書を書き進める中で、多少ともはっきりとつかみとった〝道しるべ〟を使用して、これらの問題に対する私なりの暫定的な答えを手短に書いて、「おわりに」に代えたい。

「なぜ脳内の物質的な変化から〝意識〟が生じるのか?」

読者の皆さんも1度は聞かれた、あるいは自分で考えられたことがある問題ではないだろうか。

確かに表面的に考えると、脳内で起こっている変化は、神経細胞の細胞膜を通してのナトリウムイオンやカリウムイオンの出入りであったり、前の神経細胞の末端からのアセチルコリンの、次の神経細胞の先端へ向けての放出であったり、つまりは物理的な出来事である。その物理的出来事から、なぜ〝意識〟という、独特のものが生じるのか。不思議な事象である。

たとえば今、あなたは車に乗っているとしよう。いつもの音楽を聴きながら、毎日通う会社への道を走っている。頭のなかは、会社に着いてからはじまる大事な会議（そこで自分がプレゼンを行うことになっている）のことでいっぱいだ。しゃべる言葉と、それぞれの場面で見せるスライドの図表が頭のなかに次々と浮かんでは消えていく。

そんなときあなたは、車の操作（ブレーキやアクセルの場所や踏み方やタイミング、曲がるときのハンドルの動かし方やその程度、等々）や窓を行き過ぎる風景などには、深い注意を向けていないだろう。詳しい内容は意識されていないだろう。

それらは、目や耳の視覚や聴覚の感覚器、筋肉の収縮の度合いを感じ取る感覚器にはしっかりととらえられて、情報は脳に送られているのだが、ほとんど意識にのぼることはないのだ。脳内のしかるべき領域が、われわれに「思考」を感じさせるような回路を通さず処理してくれているのだ。

しかし、ひとたび車の前に犬がとびだしてきたり、周囲からだれかの叫び声が聞こえたりすると、窓の外の風景がはっきりと意識にのぼり、いっぽうで車の速度をどうするか、その操作が意識にのぼることになる。

よく言われるように意識とは、脳内の〝ある神経〟（もちろん1本ではないし、1カ所でもないだろう）が、その情報と結びついているときだけ、われわれに感じられるものなのである。

ノーベル賞受賞者の分子生物学者フランシス・クリック氏たちは、その〝ある神経〟を、NCC（Neural Correlates of Consciousness：意識相関神経）と呼んだ。そして、現在もこのNCCの実体を明らかにする研究は世界中で行われている。

確かに、ＮＣＣの研究の発展によって、意識についての理解は進むだろう。しかし、それが冒頭で述べた「脳内の物質的変化からなぜ意識が生まれるのか」の問いに答えることにはならない。あくまで「意識が生まれるときの脳内の神経の活動状況」という物理的な理解が進むだけだからである。そしてその方向への物理的な解析はこれからも確実に進んでいくだろう。だから脳科学者は、ＮＣＣを突き止めるような研究を、「イージープロブレムの研究」と呼ぶ。一方「脳内の物質的変化からなぜ意識が生まれるのか」を考える研究を、「ハードプロブレムの研究」とよび、研究の大きな壁にぶつかっている。

一方、私が本書でつかんだ〝道しるべ〟を使用すると、このハードプロブレムの問題に対する答えは次のようになる。

それは、質問自体が間違っている――。

つまりこういうことだ。

たとえば、物理学では「物質とエネルギーは相互に変換しうる」とされている。物質はエネルギーを発しながら消滅し、いっぽう一点にエネルギーが集中すれば物質が生まれる。それは因果関係的には正しいのだろう。おそらく物質とエネルギーとは、より深いレベルでは同じものなのだろう。しかし、ではなぜそもそも物質とエネルギー、そして両者のさらなる根源が存在するのか。そして、その根源の根源をめぐる追求が終わることはけっしてないだろう。たとえ、本書で論じた科学という脳の働きをもってしてもである。脳の宿命である。

「時間」と「空間」についても事情は同じである。本書の「動物行動学から見たヒトの脳のクセ」でも書いたように、現代の物理学の先端は、「時間と空間はより深いレベルの何らかのものから出現してくるのかもしれない」と考えはじめている。もちろん、その〝より深いレベルの何らかのもの〟が、理論や数式によってあらわされても、「〝より深いレベルの何らかのもの〟の正体は？」をめぐって、ホモサピエンスの文明が続くかぎりは研究は続いていくだろう。それは、シンリンオオカミがオーロラを見て、そのオーロラがどのようにしてできているかを理解できないのと同様なのである。シンリンオオカミが、狩りに道具を使おうとは思わないのと同様なのである。脳にそれを行う性質、仕様が備わっていないのである。

1つ言えることは、外界の中に、「物質」とか「エネルギー」「時間」「空間」といった認知をすることが、ホモサピエンス（正確には遺伝子）が子孫を残していくうえで有利だったからである。

NCCの領域の神経が興奮する（神経が特定の物質的な変化を起こす）ことと、意識が生まれるということとは、おそらく根源的には同一のものだろう。同一のものをわれわれの脳が、違った内容で認知し、その理由を問い続けているだけなのであろう。

「数学はなぜ世界を（かなり）うまく、首尾一貫して説明できるのか？」

これもなかなか難解であり、でも知的好奇心をとてもくすぐる問題である。この問いを聞くと、「人間とは何か？」とか、「人間をとりまく宇宙とは何か？」といった、とても壮大で、かつ根源的な答えの入り口を感じてしまうのは私だけではないだろう。

私の前述の〝道しるべ〟を使って考えてみよう。

まずは、動物行動学の父コンラート・ローレンツ氏の数多くの重要な認識論のなかの1つ（認識の進化理論）から。

ローレンツ氏は、哲学者カントの「われわれの認知装置が備えている普遍的な合理法則性は、実在的外界のそれとはまったく無関係だ」（つまり、われわれの認識は、実は外界の実体をかなりゆがめて生み出されている）という指摘に対して、歴史上はじめて真正面からの有効な反論を行った人物ではないかと私は思っている。進化という現象の理論を武器にして。

ローレンツ氏の反論の骨格は簡潔である。その骨子の要約を私なりに述べると以下のようになる。

原生動物（単細胞の生物）のゾウリムシを観察してみよう。彼らは水中で障害物を避けて進み餌に到達する。危険な化学物質や捕食者から離れようとし、分裂によって個体を増やす。そういうゾウリムシが現在も生き残って存在しているのは、ゾウリムシの外界の把握が、実在の外界と大きくずれていないからだ。大きくゆがんではいないからだ。

もし、大きくゆがんでいたとしたら、ゾウリムシは現在生き残ってはいなかっただろう。早々と地球上から絶滅しただろう。

それはゾウリムシに限らない。ヒトも含むすべての生物も、もしそれぞれの外界の認知が実体と大きくずれていたら、現在、生き残ってはいないだろう。

ただし、ゾウリムシもヒトも他の生物も、外界のすべてを把握しているわけではない。たとえばゾウリムシには、彼らを顕微鏡で観察しているヒトの存在や彼らが入れられているプレパラートの存在などは把握できないだろう。ゾウリムシが（細胞膜や繊毛などをアンテナにして）把握しているのは、障害物の一部であったり、餌となる有機物の一部であったり、温度であったり、外界のごくごく断片に過ぎない。でもその断片はゆがんだ断片ではない。外界を正しく反映した断片である。ゾウリムシは彼らに独特な測定装置で、外界の断片を大きくゆがむことなく把握しているのである。

そして、それはヒトの場合もまったく同じである。ゾウリムシが把握する断片よりもはるかに詳しいし、外界測定装置の種類も違うが、ヒトが把握する外界の内容が外界のごくごく一部であることに変わりはない。高性能な機器を使ってもその事実は変わらない。

しかし一方で、ヒトが認知するそれらの断片は、ゾウリムシの場合と同じく、外界のゆがんだ反映ではない。外界を正しく反映した断片である。だからこそ〝外界〟の中で、われわれは生き残っていけるのだ。

アインシュタインは、「形や線」「平面や立体」「数値」「四則計算」「集合」といった、ホモサピエンスの脳が生得的にもつと考えられている数学に関係する基本概念を総合してつくられた数学理論が、外界の事物・事象の因果関係をとてもうまく説明したり、背後に隠されていた因果関係を見事に予見したりする例をいくつも見るなかで、次のように言ったという。

「経験とは独立した思考の産物である数学が、物理的実在である対象と、これほどうまく合致しうるのはなぜなのか?」(「日経サイエンス」２０１１年12月号　M・リビオ)

確かに不思議な話だ。

純粋数学の理論は、頭の中で数学の基本原理を数学者が自由に組み合わせ、総合して生み出される数学の中の世界だ。そんな数学の中だけの理論が、なぜ物理的実在である、外界の事物の変化に合致するのか。

たとえば、「多項式方程式が解けるかどうかを決定する」という純数学的な目的のために、1800年代初めにフランスの数学者ガロアがつくりだした「群論」は、それから100年以上経って、原子核を構成する粒子がどのように結びついているかを理解する優れた理論になることがわかった。

私は思うのだ。

「形や線」「平面や立体」「数値」「四則計算」「集合」といった、ホモサピエンスの脳が進化の過程で手にした「数学に関係する基本概念」は、ゾウリムシが外界を把握するための（細胞膜や繊毛などを利用した）外界測定装置と同じようなものではないかと。

「数学に関係する基本概念」は、いわば、われわれの脳内に装備された外界測定装置だ。

それらは、ホモサピエンスの生存や繁殖に有利な外界の断片を把握する上で役に立つ装置なのである。ホモサピエンスの進化的適応の舞台となった自然界の狩猟採集生活の中で、「形や線」「平面や立体」「数値」「四則計算」「集合」といった概念を脳内に装備し、それらを物差しのようにして外界に当てはめ、外界の（断片の）把握に使ったのだ。

そして、「形や線」「平面や立体」「数値」「四則計算」「集合」などの概念は、それらが相互に組み合わせられたときにも有用性は変わらない場合が多かったに違いない。その組み合わせは、あくまで、それぞれが有用な基本概念の枠の中で展開されるからである。

たとえば、「形や線」と「集合」が組み合わされれば、「形や線」の違いごとに分類されて整理され、脳は外界を把握しやすかっただろう。実際にわれわれは現在、〝楕円〟とか〝長方形〟〝台形〟といった「形」の「集合」で、外界を整理して認知している。

また、次のような例をあげることもできる。

ヒトの脳は、線や面の状態として〝直線〟とか〝曲線〟、〝真平ら〟とか〝ゆがみ〟を、外界の断片として測定する。それは「数学」(特に幾何学)に関係する基本概念の1つであるが、その概念を〝立体〟と組み合わせ、ゆがんだ空間の中での「数値」「四則計算」「集合」を測定するのが、数学者リーマンがつくりだしたリーマン幾何学である。そして、1800年代半ばにつくられた非ユークリッド幾何学は、半世紀以上経た後、アインシュタインが外界についての把握を前進させた一般相対性理論につながった。一般相対性理論の中では、空間はゆがんでいるのである。そして、その把握はニュートンの運動力学や重力の理論より、外界の断片をより正しく反映しているらしいのだ。

「脳の仕様・限界・クセ＝外界の断片の正しい反映」という認識は、「数学のある理論が、他の数学や物理の理論を、矛盾なく結びつける結果をもたらす」という出来事についても説明することができる。

そんな出来事の最近の例は、数学の純粋な作業としての「結び目理論」が、改良されながらではあるが、量子力学と一般相対性理論とを結びつける結果を生みつつあるということだ。

いわゆる、「超ひも理論による、相対性理論と量子力学理論の統一」である。

外界は1つである。その同一の外界を、ゆがみなしに反映した数値や計算が、同一の対象に向けられているのだ。同一対象であれば、そこに矛盾が少ない把握が生まれるのも当然ではないか。


どこかで聞いた話に、目隠しをした2人の人物が象の体を触って、その感触を互いに伝え合うという話があった。2人は、それまでに象を見たことがなかった。

1人が言う。

「象というのはざらざらして丸みを帯びたものだな」

もう一人が言う。

「象というのは、細くて毛が生えてよく動くものだな」

私の、その話についての記憶はこのあたりで終わる。

話の本来の意図とは異なるかもしれないが、私は思うのである。目隠しをした2人が、移動をしながら何千回も何万回も、象という同一対象の断片を触っていけば何が起こるだろうか。2人は象そのものを認知することはできないが、接触感覚という外界測定装置を通して象の断片を反映した把握を、象の体のたくさんの部分で行っていくのである。

その象があるとき突然、キリンに変わらない限り、断片は矛盾なくむすびつき、やがては〝象全体も（かなり）うまく、首尾一貫して説明できる〟把握に結びつくのではないだろうか。「相対性理論」も「量子力学理論」も、われわれの外界の事物・事象という同一の〝象〟の断片を正しく反映する把握を行っているのである。

象の「足から脚の付け根にかけての断片」の把握と「腹部から脚の付け根にかけての断片」の把握とは、やがて「脚の付け根（一帯）あたりの、ちょっと複雑な把握」によって矛盾なくむすびつけられるだろう。同様に、「相対性理論」も「量子力学理論」も同一物の断片として、〝脚の付け根（一帯）あたりの把握〟にあたる、これまた同一物の断片を正しく反映した数学理論によって結びつけられる、ということではないのだろうか。

ただし、繰り返していうが、長い月日をかけて「象の輪郭や表面の肌触り」が分かったとしても、「象のすべてを分かった」ことにはならない。象は「輪郭や肌触り」だけではなく、行動、体重、内臓など、無限の条件で成り立っているからだ。

さて、「おわりに」が少し長くなってしまった。「私が本書を書く中で、多少ともはっきりとつかみとった〝道しるべ〟」が、読者の皆さんに少しでも伝わっていたら大変うれしい。もしそれが、〝外界〟の見方に少しでも厚みをもたらすものになったら、望外の喜びである。

最後に、本書の出版にあたって大変お世話になった新潮社の今泉正俊さんに心より感謝します。「はじめに」でお話しした、推敲前の原稿を読んで「何だか、死ぬことが怖くなくなった」と感想を言ってくれた知人というのは今泉さんのことだ。でもその直後、結構、難しい宿題を出してもらったが。

新潮選書

ヒトの脳《のう》にはクセがある——動物行動学的人間論《どうぶつこうどうがくてきにんげんろん》

著　者………………小林朋道《こばやしともみち》

発　行………………2015年1月25日

発行者………………佐藤隆信
発行所………………株式会社新潮社
〒162-8711 東京都新宿区矢来町71
電話　編集部 03-3266-5411
読者係 03-3266-5111
http://www.shinchosha.co.jp
印刷所………………株式会社三秀舎
製本所………………株式会社大進堂

乱丁・落丁本は、ご面倒ですが小社読者係宛お送り下さい。送料小社負担にてお取替えいたします。
価格はカバーに表示してあります。

ISBN978-4-10-603761-0 C0345